东华理工大学放射性地质实验教学中心实践教学系列教材

水文地球化学与水质分析实验教程

于　荣　廖晓峰　主编
张卫民　主审

中国原子能出版社

图书在版编目(CIP)数据

水文地球化学与水质分析实验教程 / 于荣，廖晓峰主编．—北京：中国原子能出版社，2017.7（2025.8 重印）
ISBN 978-7-5022-8326-1

Ⅰ．①水… Ⅱ．①于… ②廖… Ⅲ．①水文地球化学－高等学校－教材②水质分析－实验－高等学校－教材
Ⅳ．①P592②O661.1－33

中国版本图书馆 CIP 数据核字(2017)第 181944 号

内容简介

该教程是《水文地球化学》《环境水文地质学》和《环境水化学》等课程配套的专业实验教程，本书共分四部分，共二十三个实验项目，三个实训练习。附录部分介绍了实验中主要仪器的使用方法，以及一些常用的化学常数。由于本书针对的是非化学分析专业学生，故主要介绍基础性、可操作性的实验内容，着重培养学生的实践动手能力、分析问题和解决问题的能力。

本书可作为水文与水资源工程专业学生专业基础实验的教学用书，也可供相关专业人员参考。

水文地球化学与水质分析实验教程

出版发行 中国原子能出版社（北京市海淀区阜成路 43 号 100048）
责任编辑 王 青
装帧设计 崔 彤
责任校对 冯莲凤
责任印制 赵 明
印　　刷 中煤（北京）印务有限公司
经　　销 全国新华书店
开　　本 787 mm×1092 mm 1/16
印　　张 5.25
字　　数 131 千字
版　　次 2017 年 7 月第 1 版 2025 年 8 月第 3 次印刷
书　　号 ISBN 978-7-5022-8326-1 **定 价 38.00 元**

网址：http://www.aep.com.cn **E-mail：atomep123@126.com**
发行电话：010-88828678

总　　序

东华理工大学放射性地质实验教学中心是在东华理工大学前身太谷地质学校铀矿地质实验室的基础上发展而来。20世纪50年代中叶，为了响应党中央、国务院作出的发展原子能事业的伟大决策和“打破帝国主义核垄断”的号召，国家第二机械工业部于1956年6月创立了太谷地质学校，专门培养铀矿勘查技术人员。1959年学校迁至邻近某特大型铀矿区的江西省抚州市，校名改为抚州地质专科学校(本科)，1978年改为抚州地质学院，1982年更名为华东地质学院，2002年更名为东华理工学院，2007年更名为东华理工大学。为全世界唯一的专门从事核燃料循环工程和放射性地学人才培养工作的高等学校，被联合国国际原子能机构(IAEA)指定为铀矿地质和同位素水文学高级培训中心。

放射性地质实验教学中心包括基础地质实验室、铀矿地质实验室、地质信息处理实验室、地球化学实验室、放射性地球物理勘探实验室、放射性水文地质与工程地质实验室等六个功能实验室，并建有杭州基础地质认识、江山区域地质调查、相山铀矿地质三个野外实习基地和地质博物馆，鹰潭龙虎山、抚州温泉、南昌梅岭、庐山等多个课间野外地质认识实习基地，以及鄂尔多斯、江西信江等多个产、学、研野外实习基地。2009年1月20日，该中心被教育部、财政部批准为2008年度国家级实验教学示范中心建设单位(教高函(2009)5号)。

为切实落实国家实验教学示范中心的建设目标，加强实验教学中心的内涵建设，中心做到以培养学生实践能力、创新能力和提高教学质量为宗旨，以实验教学改革为核心，以实验资源开放共享为基础，以高素质实验教学队伍和完备的实验条件为保障，创新管理机制，全面提高实验教学水平和实验室使用效益。建设过程中取得了一系列显著的实践教学效果，如在首届全国大学生地质技能大赛上，我校学子获得了包括地质技能综合应用一等奖(第1名)等多项佳绩，赢得了与会专家、兄弟院校的高度评价。

本系列实验、实习教材的出版是我校放射性地质实验教学中心进一步加强学生实践能力和创新精神培养、改进实验教学体系、内容和方法，凝练优秀教学成果，促进优质资源整合、共享的重要举措之一。系列实验、实习教材内容凝聚了我校相关专业教师多年的教学成果积累，是在原有自编特色、优势实践教学类讲义基础上重新编写或修订完成的。该系列教材适合资源勘查工程、地球化学、勘查技术与工程、地球物理学、水文与水资源工程、土木工程等本专科专业相关课程的室内实践教学实习和课间野外实践教学实习使用，同时也可供相关专业人员参考。

本系列教材的出版得到了东华理工大学领导，地球科学学院、核工程技术学院、水资源与环境工程学院、建筑工程学院以及教务处等单位领导和老师的大力支持。

最后，衷心感谢参加这套教材编写的全体教师，正是由于他们的辛勤劳动，编写工作才得以顺利完成。同时真诚感谢中国原子能出版传媒有限公司的领导和有关同志，正是由于他们的最大支持和认真督促，这套教材才能够如期与读者见面。

东华理工大学副校长
放射性地质实验教学中心主任
2011.6.30

前　言

随着高校实验教学的改革和社会对创新型人才的需求，大学生创新能力的培养是高校教学改革的必然方向，实验教学是理论和实践相结合的教学环节，是创新能力培养的必不可少的教学手段，这就更需要不断更新和完善实验教学的内容和方式，培养学生全方位的实际操作能力，朝着综合性、创新性实验教学的方向发展。实验是人类认识世界的重要途径，通过实验教学不但可以加深和巩固理论教学所学内容，还可以开发学生的智力，培养学生的观察能力、动手能力、科研能力、创新能力，树立实事求是的科学态度和严谨的工作作风。

水文地球化学实验教程是水文与水资源工程专业学生必修的专业基础实验课，在以往的水文与水资源工程专业教学计划中，水文地球化学、环境水文地质学和水环境化学三门课程的实验教学都是附属在理论课下，实验课时少，实验内容单一，涉及面窄，缺乏整体性和系统性，使学生的实践和创新能力得不到充分地发挥。本实验教程是编者在多年的实验教学和科研实践的基础上，参考国内外有关资料认真筛选后编著而成，为了使实验内容及实验手段更具有完整性、适用性和先进性，同时又考虑到本专业学生为非化学分析专业，化学分析基础较薄弱，故本指导书选用的实验方法既具有针对性，又具有易于操作掌握的特点。

本实验指导书分为三部分，第一部分介绍了实验室安全知识、实验程序和要求、仪器的洗涤和干燥、水样的采集和保存等基础知识。第二部分收集了水溶液 pH 和 Eh 的测定方法、水中 CO_2 平衡与 pH 关系、α-SiO_2含量与 pH 关系、[Fe^{3+}]/[Fe^{2+}]比值与介质水 Eh 关系、钙的碳酸盐沉积与脱碳酸作用等切合专业知识点与技能，有课程基本要求的五个实验。第三部分收录了比较成熟的水质分析相关实验十八个，实训项目三个。第四部分附录。在实验教材内容选择上，既考虑到知识点普遍性，又兼顾到特殊性；实验操作方法设计上，由简到难，是逐渐加深提高的过程。针对本行业特点，新增了水中放射性元素的分析，同时加大了仪器分析实验部分的比重，这些对开阔学生的视野，提高实验能力都有积极的指导意义。

该教材是在于荣等编写，张卫民教授主审的原东华理工大学《水文地球化学与水质分析实验》内部实验讲义基础上补充修改完善的。在编写过程中，水文与水资源工程系教师给予了很多宝贵意见和建议，并得到了各届学生的大力支持。硕士研究生胡亚会对文中插图进行了绘制，给予了很大帮助。在此深表感谢！

由于编者水平有限，错误和不足之处在所难免，望请读者批评指正，并提出宝贵意见和建议，谢谢！

编者

2017年1月

目　　录

第一部分　水质分析实验室基本知识

一、实验室安全知识

在进行化学实验时，会经常使用水、电、煤气和各种药品、仪器，如果马马虎虎，不遵守操作规则，不但会造成实验失败，还可能发生事故(如失火、中毒、烫伤或烧伤等)。事故与安全是一对矛盾，它们在一定的条件下可以相互转化。只要我们在思想上重视安全工作，又遵守操作规则，则事故完全可以避免。

(一) 实验室安全守则

1. 浓酸、浓碱具有强腐蚀性，使用时要小心，不能让它溅在皮肤和衣服上。稀释浓硫酸时，要把酸注入水中，而不可把水注入酸中。

2. 有机溶剂(如乙醇、乙醚、苯、丙酮等)易燃，使用时一定要远离火源，用后应把瓶塞塞严，放在阴凉的地方。

3. 下列实验应在通风橱内进行：

(1) 制备具有刺激性的、恶臭的、有毒的气体(如 H_2S，Cl_2，CO，SO_2，Br_2 等)或伴随产生这些气体的反应；

(2) 加热或蒸发盐酸、硝酸、硫酸。

4. $HgCl_2$ 和氰化物剧毒，不得误入口内或接触伤口，氰化物不能碰到酸(氰化物与酸作用放出 HCN，使人中毒)。砷酸和可溶性钡盐也很毒，不得误入口内。

5. 用完煤气后或遇煤气临时中断供应时，应立即把煤气关闭。煤气管道漏气时，应立即停止实验，进行检查。

6. 实验完毕后，应将手洗干净后才能离开实验室。值日生和最后离开实验室的人员应负责检查水、煤气是否关好，电闸是否拉开，门窗是否关好。

(二) 实验室一般伤害的救护

1. 割伤。先取出伤口内的异物，用蒸馏水洗净伤口，然后贴上创可贴，也可涂以红药水或紫药水。

2. 烫伤。不要用水冲洗，也不要弄破水泡。在烫伤处涂以烫伤膏或万花油，也可用风油精涂抹。

3. 酸腐伤。先用大量水冲洗，再用饱和 $NaHCO_3$ 溶液或稀氨水冲洗，然后再用水冲洗。如果酸液溅入眼内，立即用大量水长时间冲洗，再用质量分数为 0.02 的硼砂溶液洗眼，然后再用水冲洗。

4. 碱腐伤。先用大量水冲洗，再用质量分数约为 0.02 的 HAc 溶液冲洗，然后再用水冲洗。如果碱液溅人眼内，立刻用大量水长时间冲洗，再用质量分数约为 0.03 的 H_3BO_3 溶液洗眼，然后再用水冲洗。

5. 吸入 Br_2 蒸气、Cl_2、HCl 等气体时，可吸入少量乙醇和乙醚混合蒸气来解毒。如吸

入 H_2S 气体而感到不适时，应立即到室外呼吸新鲜空气。

（三）灭火常识

实验过程中万一不慎起火，切不要惊慌，立即采取如下灭火措施：

1. 防止火势蔓延。关闭煤气龙头，切断电源，移走一切可燃物质（特别是有机溶剂和易燃易爆物质）。

2. 灭火。物质燃烧需要空气，要有一定的温度，所以灭火的方法一是降温，二是使燃烧物质与空气隔绝。

灭火最常用的物质是水，它使燃烧区的温度降低而灭火。但在化学实验室里常常不能用水灭火。例如，水能和某些化学药品（如金属钠）发生剧烈反应，会引起更大的火灾。又如，当有的有机溶剂（如苯、汽油）着火时，因水与它们互不相混溶，有机溶剂比水轻而浮在水面上，不仅不能灭火，反而使火场扩大。下面介绍化学实验室常用的灭火方法。

(1) 一般的小火可用湿布、石棉布或砂土覆盖在着火的物体上（实验室都应备有砂箱和石棉布）。

(2) 火势较大时要用灭火器灭火。实验室常备的灭火器主要有：

泡沫灭火器：药液成分为 $NaHCO_3$ 和 $Al_2(SO_4)_3$，它们相互作用产生 $Al(OH)_3$ 和 CO_2 泡沫。泡沫把燃烧物包住与空气隔绝而灭火。泡沫灭火器可用于一般的起火，但不适用于电器和有机溶剂起火。

二氧化碳灭火器：内装液态 CO_2，是实验室最常用的灭火器。适用于油类、电器及忌水化学物质的起火，但不适用于一些轻金属（如 Na，K，Al 等）起火。

(3) 当身上衣服着火时，切勿惊慌乱跑，应赶快脱下衣服或就地卧倒打滚。

二、实验程序和要求

1. 预习　充分预习实验教材是保证做好实验的重要环节。预习时应弄清实验目的、内容、原理、操作方法和注意事项等。学生自己提出的创造性实验，或改进性实验，应事先征求教师同意。

2. 实验　学生进实验室，就遵守实验室规则，接受教师指导，按实验教材上规定的方法、步骤及试剂用量进行实验。实验中，细心观察现象，准确记录实验数据和现象。同时，应边实验，边思考，并分析产生现象的原因等。

3. 质疑　实验中，学生遇到问题或产生疑问，应及时询问教师。教师在实验中，也不断地向学生提问，并切磋实验中的问题。

4. 编写实验报告　实验完毕后，应在一星期内做好实验报告，由课代表或学习委员收齐，交任课教师。

实验报告要求记录清楚、图表齐全、思考题解答，且文字简练，推理性强、书写整洁。教师根据学生的实验报告编写情况，给予评定实验成绩。

三、仪器的洗涤和干燥

（一）仪器的洗涤

化学实验中经常使用各种玻璃仪器和瓷器。如用不干净的仪器进行实验，往往由于污物和杂质的存在，而得不到准确的结果。因此，在进行化学实验时，必须把仪器洗涤干净。

一般说来，附着在仪器上的污物有尘土和其他不溶性物质、可溶性物质、有机物质和油垢。针对这些不同污物，可以分别用下列方法洗涤：

(1) 用水刷洗 用水和试管刷刷洗，除去仪器上的尘土、不溶性物质和可溶性物质。

(2) 用去污粉、洗衣粉和合成洗涤剂洗 这些洗涤剂可以洗去油污和有机物质。若油污和有机物质仍然洗不干净，可用热的碱液洗。

(3) 用洗液洗 坩埚、称量瓶、吸量管、滴定管等宜用洗液洗涤，必要时可加热洗液。洗液可反复使用。洗液是浓硫酸和饱和重铬酸钾溶液的混合物，有很强的氧化性和酸性。使用洗液时，应避免引入大量的水和还原性物质（如某些有机物），以免洗液冲稀或变绿而失效。洗液具有很强的腐蚀性，用时必须注意。必须指出，洗液并不是万能的，对不同的污染物应采用不同的洗涤方法。例如被 MnO_2 沾污的器皿，应用草酸或 HCl-$NaNO_2$ 的酸性溶液洗涤；又如被 AgCl 沾污的器皿，可用 $NH_3 \cdot H_2O$ 或 $Na_2S_2O_3$ 溶液洗涤。

几种洗液的配制：

(1) 铬酸洗液：将 25 g 粗 $K_2Cr_2O_7$，加热水 40 mL，(CP)溶解，缓慢加入 500 mL 的粗浓硫酸中即成。注意：当铬酸洗液颜色变绿，已失效，需重新配制，使用时注意安全。

(2) 碱性酒精溶液：30%～40%NaOH 酒精溶液。

已洗净的仪器壁上，不应附着不溶物、油垢，这样的仪器可以被水完全湿润。把仪器倒转过来，如果水沿仪器壁流下，器壁上只留下一层既薄而又均匀的水膜，而不挂水珠，则表示仪器已经洗净。

已洗净的仪器不能再用布或纸擦，因为布或纸的纤维会留在器壁上而弄脏仪器。

在实验中洗涤仪器的方法，要根据实验的要求，脏物的性质，弄脏的程度来选择。在定性、定量实验中，由于杂质的引进影响实验的准确性，对仪器洗净的要求比较高，除一定要求器壁上不挂水珠外，还要用蒸馏水荡洗三次。注意节约用水，采用少量多次的洗涤办法。

（二）仪器的干燥

可根据不同的情况，采用下列方法将洗净的仪器干燥。

(1) 晾干 实验结束后，可将洗净的仪器倒置在干燥的实验柜内（倒置后不稳定的仪器应平放）或在仪器架上晾干，以供下次实验使用。

(2) 烤干 烧杯和蒸发皿可以放在石棉网上用小火烤干。试管可直接用小火烤干，操作时应将管口向下，并不时来回移动试管，待水珠消失后，将管口朝上，以便水气逸去。

(3) 烘干 将洗净的仪器放进烘箱中烘干，放进烘箱前要先把水沥干，放置仪器时，仪器的口应朝下。

(4) 用有机溶剂干燥 在洗净仪器内加入少量有机溶剂（最常用的是酒精和丙酮），转动仪器使容器中的水与其混合，倾出混合液（回收），晾干或用电吹风将仪器吹干（不能放烘箱内干燥）。

带有刻度的容器不能用加热的方法进行干燥，一般可采用晾干或有机溶剂干燥的方法，吹风时宜用冷风。

四、水样的采集和保存

(一) 采样容器与洗涤

1. 采样容器

磨石硬质玻璃瓶和高压无色聚乙烯塑料瓶。

2. 容器的洗涤

(1) 新启用的硬质玻璃瓶和聚乙烯塑料瓶,必须先用(1+1)硝酸溶液浸泡一昼夜后,再分别选用不同的洗涤方法进行清洗。

(2) 硬质玻璃瓶先用(1+1)盐酸溶液洗涤后,再用自来水冲洗,最后用少量蒸馏水洗。

(3) 聚乙烯塑料瓶可根据具体情况,选用(1+1)盐酸或硝酸溶液洗涤,也可用10%氢氧化钠或碳酸钠溶液洗涤,再用自来水冲洗,最后用少量蒸馏水洗。

(4) 用于微生物检验的样瓶洗净后需经160 ℃干热灭菌2 h或121 ℃高压蒸汽灭菌15 min。

(二) 采样点的选定及采样记录

矿泉水点可以是天然的泉、温泉或喷泉,也可以是人工开挖或钻凿的深层自流井或非自流井。

1. 各类水源的采集方法和要求

采样前要用所取水样冲洗采样瓶及瓶塞三次(用于微生物检验的水样瓶除外),取样时应缓缓使水流入采样瓶中。采样时一般不要装得过满,瓶口要留有1%～2%的空间。采好后立即盖好瓶塞,用纱布缠紧瓶口,最后用石蜡将瓶口严密封固。

(1) 天然泉点的采样应避免在静滞的水池中采集,而应选择在尽量靠近主泉口集中冒泡处或泉的主流处,在流动但又不湍急的水中采样。

(2) 喷泉或自流井的采样,可以在涌水处使用清洁导管将主流导出一部分收集。

(3) 钻孔的采样,应注意经一定时间抽水,大约抽出相当于井筒贮水体积2～3倍的水量之后再予收集。

(4) 取平行水样时,必须在相同条件下同时采集,容器材料也应相同。

2. 采样时需在野外现场测定水温、pH,观察和描述水的外观物理性质(色、臭、味、肉眼可见物等),对于碳酸矿泉水,应现场测定游离CO_2,碱度,Ca^{2+}、Mg^{2+}的含量。

3. 水样标签和水分析送样单推荐格式

取样后应将填好的水样标签(见表1-4-1)贴在水样瓶上,送样时还应逐项填写送样单(见表1-4-2),特殊要求的应在备注栏内注明。

表1-4-1 水样标签

孔(泉)号		样品编号	
取样地点			
取样深度	米至　　米	水源种类	
岩　性		透明度	
水　温		气　温	

续表

取样日期		取 样 人	
化学处理方法			
分析要求			
备 注			

表 1-4-2 水分析送样单

委托： 取样日期：
送样日期：

分析编号	水样编号	取样地点	采样层位和深度	水源种类	水样物理性质			分析项目	备注
					颜色	气味	透明度		

收样日期： 送样人： 收样人：

（三）水样保存

各类分析水样的采集，必须符合下述采样和保存的有关规定。对需要加入保护试剂的水样，采样时，工作人员必须严格按照所要求试剂的纯度、浓度、剂量和试剂加入的顺序及加入方法等具体规定。采样前应把所需的一切用品准备妥当。

1. 原水样：即水样不加任何保护试剂，供测定 pH、游离 CO_2、HCO_3^-、CO_3^{2-}、NO_3^-、NO_2^-、Cl^-、SO_4^{2-}、HPO_4^{2-}、F^-、Br^-、I^{1-}、K^+、Na^+、Ca^{2+}、Mg^{2+}、硬度、NH_4^-、HBO_2、Mo、Se、Cr(Ⅵ)、耗氧量、SiO_2、残渣等项目。用硬质玻璃瓶或聚乙烯塑料瓶取 2 000 ml 水样（测定硼和硅酸的水样必须用聚乙烯塑料瓶存放）。

2. 酸化水样：取容积为 1 000 ml 的干净硬质玻璃瓶或聚乙烯塑料瓶，用欲取水样冲洗后，加入 5 ml(1+1)硝酸溶液，转动容器使酸浸润内壁，装入 1 000 ml 待测水样（若水样浑浊，必须进行过滤），摇匀（水样 pH 应小于 2），密封（瓶盖不能用橡皮塞，也不能用橡皮膏缠封以防锌等污染）。供测定 Cu、Pb、Zn、Cd、Mn、Fe、Ni、Co、总 Cr、Hg、Li、Be、Sr、Ba、Ag、V 等项目。用容积为 100～200 ml 的硬质玻璃瓶或塑料瓶取水样 100～200 ml，加 8 滴(1+1)盐酸溶液酸化，使 pH<2，供测定 As。

注：如测定 Fe^{2+}、Fe^{3+} 时，需另取水样于 250 ml 容器中，再加 2.5 ml(1+1)硫酸溶液和 0.5 g 硫酸铵，摇匀、密封。

3. 碱化水样：取水样 1 000 ml 于容积为 1 000 ml 的硬质玻璃瓶中，加入 5 ml20%氢氧化钠溶液（或固体氢氧化钠 1 g），摇匀，使水样 pH≥12，密封，低温保存，供测定挥发性酚类和氰化物。

4. 测定硫化物的水样：在 500 ml 干净的硬质玻璃瓶中，加入 10 ml20％乙酸锌溶液和 1 ml 1 mol/L 氢氧化钠溶液，然后注入水样(近满，留少许空隙)，盖好瓶塞反复摇振，密封。在水样标签上要注明外加试剂的准确体积。

5. 测定有机氯农药残留量的水样：取水样 3～5 L 于硬质玻璃瓶中(不能用塑料瓶)，加硫酸酸化，使水样 pH≤2，摇匀，密封，低温保存。

6. 水中气体样品的采集

(1) 逸出气体样品的采取：水中逸出气体，一般采用集气管等专用装置，利用排水集气法采取，如图 1-4-1(a)所示。将连接在集气管 2 上的玻璃漏斗 1 沉入水中，至水面升到弹簧夹 5 以上时，关闭弹簧夹 5，然后将注满水的下口瓶 3 提升，使水注入集气管，待水充满后(不得留有气泡)关闭弹簧 6 和 7，将下口瓶 3 注满水，并放在低于集气管的位置，再将漏斗移至逸出气体的出露处，打开弹簧夹 5 和 7，气体即沿漏斗进入集气管，待集气管中水被排尽后，关闭弹簧夹 5 和 7。

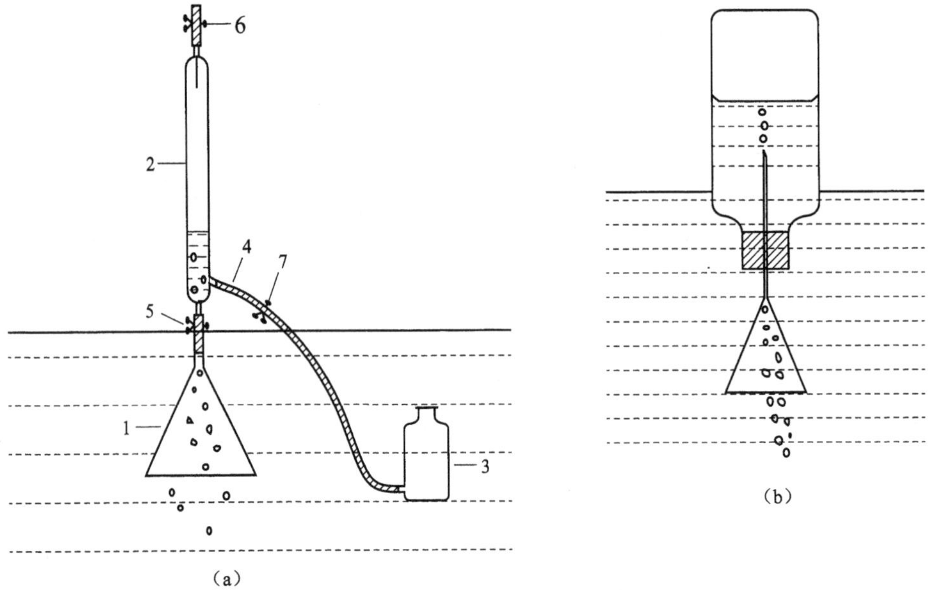

图 1-4-1 逸出气体取样装置

1—漏斗；2—集气管；3—压力瓶；4—橡皮塞；5、6、7—弹簧夹

由于上述装置不能保证气样的完全密封，故取样后，应立即将所取气样用排水集气法转移至有玻璃旋塞的集气管中(玻璃旋塞所涂的润滑剂应使用真空活塞脂)，再送往实验室进行分析。

逸出气体的采取，也可选用一个 250 ml 硬质磨口玻璃瓶，另配一玻璃漏斗和橡皮塞(中间钻一圆孔可插入漏斗，边缘带一小缺口供排水用)，取样装置如图 1-4-1(b)所示。采样时，先在水下将玻璃瓶注满水，然后将其倒立浸没于水中(瓶内不能留空气泡)。用插有漏斗的橡皮塞塞住瓶口，并使漏斗口对准水下逸出气体的出露处，待气体快要充满容器时(玻璃瓶中要保留原水样 10 ml 左右)。在水下拔去橡皮塞，用原瓶塞塞好玻璃瓶，取出水面，立即用蜡密封瓶口，将瓶子倒放在木箱中，送往实验室测定。

(2) 溶解气体样品的采取与分离:溶解气体试样一般采用真空法在现场分离采集,其取样分离装置如图 1-4-2 所示。真空瓶 2 为 5 L 的大玻璃瓶,带有一个两孔橡皮塞,分别插有两根紫铜管,其中一个的下端套有橡皮球胆 1,在瓶子的 3 000 ml 处作一标记,分离溶解气体前,应先检查真空瓶是否密闭。向瓶中注入 40 ml 水样,塞紧瓶塞,夹紧弹簧夹 5,打开弹簧夹 6,用真空泵抽尽球胆中的空气,再关闭弹簧夹 6,打开弹簧夹 5,抽空玻璃瓶(抽到瓶中水沸腾冒泡,直至不再冒泡为止)。关闭弹簧夹 5,将瓶倒转,如瓶子完全密闭,则没有气泡逸出水面,反之则表明漏气。查明原因后,重新抽真空,密闭性检查后,即可进行溶解气体的分离。用一根橡皮管(管中应充满水,以防空气进入真空瓶中)将水样引入真空瓶中,当水样体积到达 3 000 ml 标记处时,关闭弹簧夹 5,并拔去橡皮管,同时接上集气管 7 等排水集气装置,打开弹簧夹 6,使大气进入球胆,此时,溶解气体就集中于瓶颈处,打开弹簧夹 5,借降低下口瓶 8 的位置,将瓶颈处的溶解气体抽至集气管中(集气管体积大小的选择应与水样中溶解气体的多少相匹配,待溶解气体完全抽出后,关闭弹簧夹 5,并关闭集气管上的旋塞(旋塞上应涂以高真空油脂)。一次分离操作后,水中溶解气体尚不能完全分离,需反复分离 3～5 次。为此,用真空泵再次将球胆中的空气抽出,瓶中水样又回复到 3 000 ml 标记处,此时瓶中再次形成低压。然后将球胆中充入空气,再用排水集气法将分离出的溶解气体收集在集气管中,如此反复分离 3～5 次,则可基本分离完全。集气管用石蜡熔封,气样瓶的标签上应注明水源温度、大气温度、取样时大气压力、溶解气体体积及用来分离溶解气体的水样毫升数。

7. 测定氡的水样:将预先抽成真空的专用玻璃扩散器(见图 1-4-3)插入水中,打开水平进口的弹簧夹,水被吸入到 100 ml 刻度处时关闭弹簧夹,并记录取样时间(　年　月　日　时　分)。如没有玻璃扩散器亦可用 500 ml 硬质玻璃瓶,注满水样(不留空隙),密封。记录取样时间,立即送实验室测定。

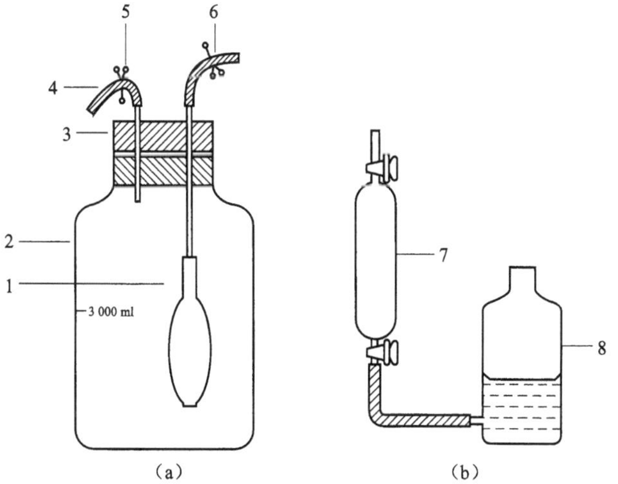

(a)　　(b)

图 1-4-2

1—橡皮球胆;2—玻璃瓶;3—橡皮塞;4—橡皮管;
5、6—弹簧夹;7—集气管;8—下口瓶

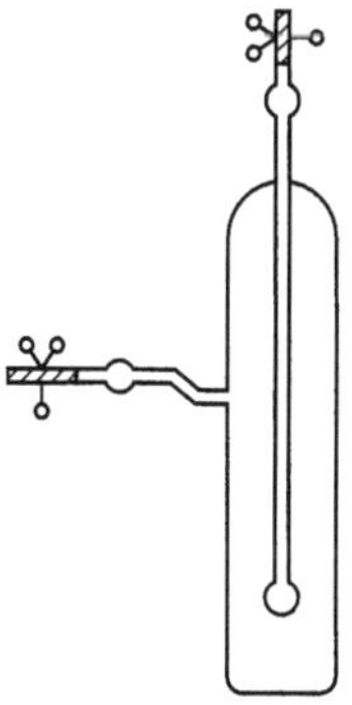

图 1-4-3　扩散器

第二部分　水文地球化学实验

实验一　水溶液 pH 和 Eh 的测定方法

一、实验目的

1. 了解 pH 和 Eh 测定的原理；
2. 掌握水溶液 pH 和 Eh 的测定方法。

二、pH 测定原理与测定方法

（见附录 1. 一）

三、Eh 测定原理与测定方法

（见附录 1. 二）

四、记录与数据处理

温度：　　　℃
标准溶液 1 的 pH：　　　　　　标准溶液 2 的 pH：
水溶液的 pH：

0.003 mol/L[$K_3Fe(CN)_6$]
—0.003 mol/L[$K_4Fe(CN)_6$]的 0.100 mol/L KCl 溶液的 Eh：　　　　mV
蒸馏水的 Eh：　　　mV
水溶液的 Eh：　　　mV

五、思考题

1. 为什么要用标准缓冲溶液来校准酸度计？

2. 酸度计是否可用在酸浓度大于 1 mol/L 或碱浓度大于 1 mol/L 溶液中，测定其 pH？测定值是否有意义？

3. Eh 和 pH 为什么能用同一台仪器测定？测定 Eh 要用 0.003 mol/L[$K_3Fe(CN)_6$]—0.003 mol/L[$K_4Fe(CN)_6$]的 0.100 mol/L KCl 标准缓冲溶液来检查它和测定 pH 时用标准缓冲溶液来校正，两者对比有何不同？

实验二　水中 CO_2 平衡与 pH 关系

一、实验目的

1. 了解水中 CO_2 的三种存在形式：CO_2、HCO_3^-、CO_3^{2-}；
2. 明白水中的 CO_2 存在形式随 pH 变化的分布规律，明白 CO_2 对水环境的重要影响；
3. 掌握化学平衡的计算方法。

二、提要

水中碳酸离解及其存在形式，决定于氢离子的活度（在一定条件下，决定于氢离子浓度）。若已知氢离子活度（或浓度）和碳酸总浓度 C（指水中的 CO_2、HCO_3^-、CO_3^- 的浓度总和），可根据下列公式和方程式确定各种存在形式的浓度，并可绘出其随 pH 变化的分布图。

$$CO_2 \cdot H_2O \rightleftharpoons H^+ + HCO_3^-$$

$$Ka_1 = [H^+][HCO_3^-]/[CO_2] = 4.45 \times 10^{-7} \quad (1)$$

$$HCO_3^- \rightleftharpoons H^+ + CO_3^{2-}$$

$$Ka_2 = [H^+][CO_3^{2-}]/[HCO_3^-] = 4.69 \times 10^{-11} \quad (2)$$

$$C = [CO_2] + [HCO_3{}^-] + [CO_3^{2-}] \quad (3)$$

解(1)(2)(3)联立方程得：

$$[CO_2] = C[H^+]^2/([H^+]^2 + Ka_1[H^+] + Ka_1Ka_2) \quad (4)$$

$$[HCO_3^-] = CKa_1[H^+]/([H^+]^2 + Ka_1[H^+]) + Ka_1Ka_2) \quad (5)$$

$$[CO_3^{2-}] = CKa_1Ka_2/([H^+]^2 + Ka_1[H^+] + Ka_1Ka_2) \quad (6)$$

$$[\eta_{CO_2}] = \frac{[CO_2]}{C} = \frac{100[H^+]^2}{[H^+]^2 + Ka_1[H^+] + Ka_1Ka_2}\% \quad (7)$$

$$[\eta_{HCO_3^-}] = \frac{[HCO_3{}^-]}{C} = \frac{100Ka_1[H^+]}{[H^+]^2 + Ka_1[H^+] + Ka_1Ka_2}\% \quad (8)$$

$$[\eta_{CO_3^{2-}}] = \frac{[CO_3^{2-}]}{C} = \frac{100Ka_1Ka_2}{[H^+]^2 + Ka_1[H^+] + Ka_1Ka_2}\% \quad (9)$$

三、仪器和药品

1. 仪器：酸度计、酸式滴式管、50 ml 烧杯。
2. 药品：0.025 mol/L Na_2CO_3；0.05 mol/L HCl；0.1%酚酞酒精溶液；0.05%甲基橙溶液。

四、实验操作步骤

取 10.00 ml 0.025 mol/L Na_2CO_3 溶液于 50 ml 烧杯中，加 20.00 ml 蒸馏水，摇匀，用

酸度计测量其 pH。然后加 2.00 ml 0.05 mol/L HCl 溶液。轻轻摇匀，测量 pH。续加 2 滴酚酞，用酸式滴定管滴加 0.05 mol/L HCl 溶液至溶液由红色刚刚退为无色，记录消耗的盐酸体积 V_{HCL} 测量 pH(约 8.3)。再滴加 1.00 ml HCl，加入甲基橙 3 滴，溶液呈黄色。继续滴至溶液刚刚由黄色转变为红色，记录滴定的累计体积 V_{HCL} 测量 pH(约 4.4)。最后滴定至消耗 HCl 总体积为 10.00 ml(或稍多些)止，测量 pH。

五、记录与数据整理

按表 2-2-1 进行记录和数据整理。

$$\text{中和体积 } V_{中}=\frac{V_{HCl}\cdot C_{HCl}}{2\cdot C_{Na_2CO_3}}$$

表 2-2-1

$C_{Na_2CO_3}=$				$C_{HCl}=$				
滴加 HCL	次序	0	1	2	3	4	5	6
	体积 V_{HCl}/ml	0						
中和体积 $V_{中}$/ml								
Na_2CO_3 剩余体积 $V_{余}$/ml		10						
HCL 过量体积 $V_{过}$/ml								
溶液总体积 $V_{总}$/ml		30						
pH								
$[H^+]$	mol/L							
$[CO_3^{2-}]$	mol/L							
$\eta_{CO_3^{2-}}$	%							
$[HCO_3^-]$	mol/L							
$\eta_{HCO_3^-}$	%							
$[CO_2]$	mol/L							
η_{CO_2}	%							

Na_2CO_3 剩余体积 $V_{余}=10-V_{中}$

HCl 过量体积 $V_{过}=V_{HCl}-\frac{20\cdot C_{Na_2CO_3}}{C_{HCl}}$

溶液总体积 $V_{总}=10+20+V_{HCl}$

六、理论计算 CO_2 不同 pH 对 H_2CO_3 溶液中各种形态的分布值

七、绘画

根据表 2-2-2 的理论计算绘制不同形态随 pH 变化的分布曲线图，并将表 2-2-1 的实测值标在图中的相应位置上。计算测定点的误差。

表 2-2-2

pH	$\eta_{CO_3^{2-}}$/%	$\eta_{HCO_3^-}$/%	η_{CO_2}/%	pH	$\eta_{CO_3^{2-}}$/%	$\eta_{HCO_3^-}$/%	η_{CO_2}/%
3				9			
4				10			
5				11			
6				12			
7				13			
8				14			

八、思考题

1. 你的实验点和理论点是否相符？能不能做到相符？不相符，误差主要出现在哪里？

2. 自然界里常遇见的水中，哪一种存在形式的 CO_2 占主导地位？在自然界里能否遇到以 CO_2 或 CO_3^{2-} 存在形式为主的天然水。

实验三 α-SiO_2含量与 pH 关系

一、实验目的

1. 加深对课堂所讲硅酸一节内容的理解；
2. 明白水中 SiO_2存在形式的复杂性、多样性，弄清可溶性 SiO_2与 pH 之间的关系；
3. 掌握硅酸离解平衡的计算方法。

二、提要

硅酸是天然水的固定组分。在水中，决定于溶液浓度、pH、温度等条件，或以真溶液、或以胶体或凝胶形式存在。当浓度一定时，其 pH 之间关系为：

$$\underset{\substack{\text{冻胶}(n>25)\\ pH<0}}{nSiO_2\cdot mH_2\downarrow} \rightleftharpoons \underset{\substack{\text{溶胶}(12<n<25)\\ pH<0}}{nSiO_2\cdot mH_2} \rightleftharpoons \underset{\substack{\text{胶溶}\\ 0<pH<1}}{H_{12}Si_3O_{12}} \rightleftharpoons \underset{\substack{\text{真溶液}\\ 1<pH<3}}{H_4SiO_4} \rightleftharpoons$$

$$\underset{\substack{3<pH<6\\ \text{真溶液}}}{H_6SiO_7} \rightleftharpoons \underset{\substack{6<pH<10\\ \text{真溶液}}}{H_2SiO_3} \rightleftharpoons \underset{\substack{10<pH<13.5\\ \text{真溶液}}}{H_2Si_2O_5} \rightleftharpoons \underset{\substack{pH>13.5\\ \text{真溶液}}}{SiO_3^{2-}}$$

$$H_6SiO_7 \rightleftharpoons \underset{\substack{3<n<6\\ \text{冻胶或凝胶}}}{nSiO_2\cdot mH_2} \qquad H_2SiO_3 \rightleftharpoons \underset{\substack{\text{多核大粒子}\\ (\text{胶体溶液})}}{nSiO_2\cdot mH_2}$$

在上述 pH 范围内，仅 SiO_3^{2-} 和 H_4SiO_4 是稳定的，其他形态都易形成胶体，使水中真溶液的硅酸（亦称 α-硅酸，用 α-SiO_2表示）浓度降低。其中 pH＝5.8 时，胶凝速度最快，易于析出。

硅酸 H_2SiO_3 是二元弱酸，当 I＝0.1 时，$K_{a1}=3.0\times10^{-10}$（$pK_{a1}=9.6$），$K_{a2}=2.0\times10^{-13}$（$pK_{a2}=12.7$）测定水中游离 α-SiO_2（指单体或双聚硅酸）的原理反应为：

$$H_4SiO_4+12H_2MoO_4=\underset{(\text{硅钼黄})}{H_8[Si(Mo_2O_7)_6]}+10H_2O$$

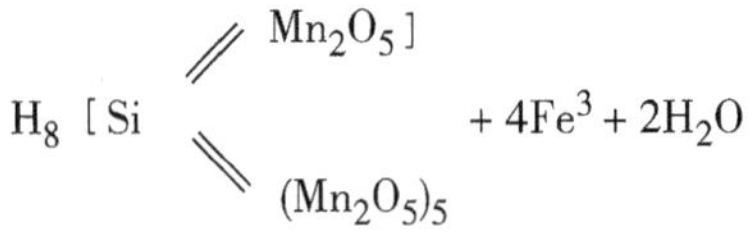

（硅钼兰）

由上反应式可知，反应前必须调整 pH 到 1～2，使 α-SiO_2 全部转变为稳定的原硅酸 H_4SiO_4。

可溶性 SiO_2浓度除与 pH 有关外，也和硅酸总浓度有关。在 pH 1～8 的稀溶液中（<0.1 g SiO_2/L），H_4SiO_4和 H_2SiO_3都较稳定，但总浓度大于 0.1 g SiO_2/L，则两者，特别是 H_2SiO_3则易形成二聚硅酸及多核硅酸聚集体。

硅酸 H_2SiO_3 是二元弱酸，原硅酸 H_4SiO_4 是四元弱酸。通常天然水中 pH 为 6～8，故应以 H_2SiO_3形式存在为主。

三、仪器和药品

1. 仪器：酸度计、分光光度计、25 ml 比色管。

2. 药品：10％钼酸铵；(1＋1)盐酸溶液；0.1 mg SiO_2/ml 标准溶液。

四、实验步骤

1. 绘制标准工作曲线

取 7 支 25 ml 比色管，分别加入 0.0；0.25；0.5；1.0；2.0；3.0；5.0 ml SiO_2 标准溶液加水稀释至 25 ml，摇匀，以下按水样分析步骤进行。此系列相当每 25 ml 水中含 SiO_2 0.0；0.025；0.05；0.10；0.20；0.30；0.50 mg。然后求出其回归方程式：$y=ax+b$(x 为 A；y 为 C)

2. 水样分析

取 1、2、3 号水样，分别测其 pH，各取 25.00 ml 于比色管中。各管中(含标准系列)均加 0.5 ml(1＋1)HCl，1.0 ml 钼酸铵，摇匀，过 10 min 后，在 440 nm 波长处，用 2 cm 比色皿，测定吸光度 A。

五、记录与数据整理

1. 记录

表 2-3-1

系列与样号	0	0.025	0.05	0.10	0.20	0.30	0.50	1号	2号	3号
A										

2. 数据整理

表 2-3-2

水样号	1号	2号	3号
$\Sigma[SiO_2]$/(mg/L)			
pH			
$[\alpha-SiO_2]$/(mg/L)			
$\alpha-SiO_2$ 占百分数			

六、理论计算水中硅酸三种形态分布

H_2SiO_3的三种形态随 pH 的变化的理论分布计算，参考实验二的有关理论计算公式(1)～(9)。将理论计算数据填入表 2-3-3。

表 2-3-3

pH	H_2SiO_3/%	$HSiO_3^-$/%	SiO_3^{2-}/%	pH	H_2SiO_3/%	$HSiO_3^-$/%	SiO_3^{2-}/%
1.0				8.0			
2.0				9.0			
3.0				10.0			
4.0				11.0			
5.0				12.0			
6.0				13.0			
7.0				14.0			

七、绘图

根据表 2-3-3 绘制 H_2SO_3 的三种形态分布图，并将实测点也标在图上。

八、思考题

1. 你能从实测点看出可溶性 SiO_2 随 pH 变化的某种趋势吗？这种变化趋势和 H_2SiO_2 的分布所表示的意义是否相同？

2. 天然水中，常存在哪几种形式的硅酸？

3. 硅酸在水中溶解度不大，为什么天然水中有时硅酸浓度很高？

4. 硅酸为什么容易形成胶体？这对硅酸及其吸附物质的迁移有何影响？

实验四　$[Fe^{3+}]/[Fe^{2+}]$比值与介质水 Eh 关系

一、实验目的

1. 加深对氧化还原理论的理解；
2. 加深对天然水 Eh 在水文地球化学中重要作用的理解；
3. 明白天然水中$[Fe^{3+}]/[Fe^{2+}]$电对对水的 Eh 的控制机理；
4. 训练滴定的基本操作和电位计或酸度计的使用。

二、提要

氧化还原反应是元素迁移过程中的一类主要化学反应，且对地壳中元素的活动性有很大的影响。氧化还原反应改变元素原子所带的电荷，使分子、离子的溶解度发生很大变化。溶解度增加，导致元素迁移力增强，溶解度减小，有利于元素的沉积。

水的氧化还原电位，专用符号 Eh 表示。

$$Eh=Eh^0+\frac{RT}{nF}\ln\frac{[QX]}{[Red]}$$

在 25 ℃和 1.013 25×10^5 Pa 条件下，上式改写为

$$Eh=Eh^0+\frac{0.059}{n}\lg\frac{[QX]}{[Red]}$$

地壳中分布广而又以变价出现的元素是铁，因此，可根据环境中不同价态铁离子浓度变化来判断介质环境。Fe^{3+}为主的环境，通常认作是氧化环境。此时可能有 Cr^{6+}、UO^{2+}、V^{5+}共生，围岩可见到红色或褐红色矿物（褐铁矿）；Fe^{2+}为主的环境是还原环境，此时可能有 Cr^{3+}、U^{4+}、V^{4+}共生，围岩色调为灰蓝或浅绿（蓝铁矿等）。随 pH 的不同，天然水的氧化环境的 Eh 一般变化于 100～400 mV，天然水的还原环境的 Eh，一般＜－150 mV。对于 pH＝7 的中性介质中，Eh＞100 mV 可定为氧化还原环境 0 mV＜Eh＜100 mV 可定为氧化还原环境，而 Eh＜0 mV，则是还原环境。

本实验通过对 Fe^{2+}溶液的重铬酸钾溶液的滴定和测量体系的 Eh，来实施水体系氧化还原环境的变化过程。滴定反应为：

$$Fe^{2+}-e=\!=\!=Fe^{3+}$$

$$Cr_2O_7{}^{2-}+14H^++6e=2Cr^{3+}+7H_2O$$

$$\Phi_{Fe^{3+}/Fe^{2+}}=\Phi^{\theta}_{Fe^{3+}/Fe^{2+}}+0.059\lg\frac{[Fe^{3+}]}{[Fe^{2+}]}$$

$$=0.69+0.059\lg\frac{[Fe^{3+}]}{[Fe^{2+}]}$$

$$\Phi_{Cr_2O_7{}^{2-},H^+/Cr^{3+}}=1.03+\frac{0.059}{6}\lg\frac{[Cr_2O_7^{2-}][H^+]^{14}}{[Cr^{3+}]^2}$$

$$\Phi_{甘汞}=0.246V(25\ ℃,1.013\ 25\times10^5\ Pa)$$

$$\in=\Phi_+-\Phi_-=Eh-\Phi_{SCE}$$

$$Eh = \in + \Phi_{SCE}$$

三、仪器和药品

1. 仪器：PHS-2 型酸度计、滴定管、吸量管。

2. 药品：0.060 mol/L 的 2 mol/L H_2SO_4 的硫酸亚铁铵溶液；0.010 mol/L 重铬酸钾的 2 mol/L H_2SO_4 溶液，2 mol/L H_2SO_4 溶液。

四、实验步骤

1. 取 5.00 ml 硫酸亚铁铵溶液，加入 5.0 ml 2 mol/L H_2SO_4 溶液于 50 ml 烧杯中，混合摇匀后，测 Eh。

2. 用滴定管相继累积滴加 2.00、3.00、4.00、4.50、4.70、4.90、5.00、6.00、8.00、10.00 ml 的重铬酸钾溶液，每次滴加后，均摇匀并测量 Eh。

五、记录与数据整理

按表 2-4-1 记录和表 2-4-2 整理。

六、绘图

按表 2-4-2 数据绘制滴加 $K_2Cr_2O_7$ 溶液的毫升数对 $\in_{理}$ 的曲线图，并将实测 $\in_{测}$ 值绘于图上，用虚线连接，进行比较。

表 2-4-1

$[Fe^{2+}]_{始}=$							$[Cr_2O_7^{2-}]_{始}=$					
滴加次序	0	1	2	3	4	5	6	7	8	9	10	11
滴加体积/ml												
测量体积/ml												
$\in_{测}$/mV												
$Eh_{测}$/mV												

室温：　　　　　　　　　　　　日期：

表 2-4-2

滴加次序	0	1	2	3	4	5	6	7	8	9	10
滴加毫升数	0	2.0	3.0	4.0							10
$[Fe^{2+}]$，mol/L											
$[Cr^{3+}]$，mol/L											
$[Fe^{3+}]$，mol/L											
$[Cr_2O_7^{2-}]$，mol/L											
$[H^+]$，mol/L											

续表

滴加次序	0	1	2	3	4	5	6	7	8	9	10
$[Fe^{3+}]/[Fe^{2+}]$											
$\lg\frac{[Fe^{3+}]}{[Fe^{2+}]}$											
$\frac{[Cr_2O_7^{2-}][H^+]^{14}}{[Cr^{3+}]^2}$											
$\lg\frac{[Cr_2O_7^{2-}][H^+]^{14}}{[Cr^{3+}]^2}$											
$\Phi(Fe^{3+}/Fe^{2+})$,mV											
$\Phi(Cr_2O_7^{2-},H^+/Cr^{3+})$,mV											
$\in_{理}$,mV											

计量点滴加的毫升数：∈： mV

注意的是反应计量点前按 $\lg\frac{[Fe^{3+}]}{[Fe^{2+}]}$ 计算 $\in_{理}$ 而在计量点之后，应按 $\lg\frac{[Cr_2O_7^{2-}][H^+]^{14}}{[Cr^{3+}]^2}$ 计算 $\in_{理}$。同理，实测的∈和累积的滴加毫升数相对应。

七、思考题

1. 水的 Eh 与介质环境有何关系？

2. 水的 Eh 有没有一个范围？为什么？

3. 在滴加 $K_2Cr_2O_7$ 和测量∈的过程中，为什么要控制酸度？酸度对 Fe^{3+}/Fe^{2-} 电对和 $Cr_2O_7^{2-}$，H^+/Cr^{3+} 电对，哪个影响更大些，为什么？

实验五　钙的碳酸盐沉积与脱碳酸作用(综合实验)

一、实验目的

1. 了解溶度积对元素沉积和迁移的影响，以及在水文地球化学中研究它的意义；
2. 了解影响元素迁移和沉积的因素；
3. 加深对天然环境中脱碳酸作用原理的认识；
4. 加深对固液平衡的基本知识的理解，掌握有关理论计算；
5. 熟练掌握化学实验的操作技术，提高观察现象、分析问题、解决问题的能力。

二、提要

自然界中矿物大多数是难溶盐或微溶盐。溶解作用使元素随水迁移，沉淀作用使元素从水中沉积而富集。因此研究水中元素形成的难溶盐的溶解和沉淀作用平衡就具有重要的意义。

难溶盐在水中的溶解和沉淀平衡是一种多相平衡。当两个相反方向的作用达到平衡时，其平衡常数，称为溶度积，用 K_{sp}表示。如

$$CaCO_3(S) \rightleftharpoons Ca^{2+}_{(a)} + CO^{2-}_{3(a)}$$

$$K_{sp} = [Ca^{2+}]_{eq}[CO_3^{2-}]_{eq} = 8.7 \times 10^{-9} (25\ ℃)$$

水中 Ca^{2+}是否生成沉淀，水中固体 $CaCO_3$ 是否溶解，主要取决于水中 Ca^{2+}和 CO_3^{2-} 浓度的乘积 Q，若 $Q<K_{sp}$，则水中固体 $CaCO_3$ 会溶解，直至 $Q=K_{sp}$；$Q>K_{sp}$，则水中 Ca^{2+}会自水中以 $CaCO_3$ 形式析出，也直至 $Q=K_{sp}$。达到的 $Q=K_{sp}$的平衡也是有条件的，一旦条件改变，如温度、压力、浓度等的变化，平衡就会发生移动。

三、仪器和药品

1. 仪器：酸度计、启普发生器或自置 CO_2 发生器、酒精灯、三角架、石棉网、pH 试纸。

2. 药品：0.05 mol/L Na_2CO_3；0.05 mol/L $CaCl_2$；固体碳酸钙；1 mol/L HCl；0.05 mol/L HCl；0.05 mol/L NaOH。

四、实验步骤

1. 各取 20 ml 0.05 mol/L $CaCl_2$ 于 A、B 两个 100 ml 烧杯中，用酸度计或 pH 试纸测量其 pH。

2. 各逐滴加入 2.00 ml Na_2CO_3 溶液，观察出现沉淀前后的现象，并测量 pH。一般加入 1.0 ml 时出现微混浊，加 2.0 ml 时出现明显白色混浊。

3. 往 A 烧杯逐滴加入 0.05 mol/L HCl，边滴加，边摇动，直至沉淀刚好消失，溶液透明，测量 pH。

4. 往 B 烧杯通入 CO_2 直至溶液透明澄清，测量 pH。

5. 往A烧杯逐滴加入0.05 mol/L NaOH，边滴加，边摇动，直至刚有沉淀生成，溶液刚出现白色混浊，即测量pH。

6. 将B烧杯放在酒精灯上加热，注意观察现象。加热时，随温度上升，慢慢产生小气泡，由少而多。在大量气泡过后，溶液表面有结晶物，此时溶液混浊度很小，停止加热，让溶液冷却，逐渐有沉淀物，溶液变混浊，表面晶体下沉。冷却到室温，测量pH。

五、记录与数据整理

将有关数据记于表2-5-1。

表 2-5-1

	烧杯A				烧杯B			
NO.	1	2	3	4	1	2	3	4
加入CaCl/ml								
加入 $NaCO_3$/ml								
加入HCl/ml								
通 CO_2								
加入NaOH/ml								
加热								
pH								
$[Ca^{2+}]$/(mol/L)								
$[CO_3^{2-}]$/(mol/L)								
Q								
K_{sp}，$CaCO_3$								
Q与K_{sp}比较								
现象								

六、思考题

1. 在水文地球化学中，K_{sp}有何意义？
2. 影响脱碳酸作用的主要因素是什么？自然环境中脱碳酸作用主要受什么因素控制？
3. 影响 $CaCO_3$ 在水中沉积和溶解平衡的因素有哪些？实验中使用了哪几个因素？

第三部分　水质分析实验

水质分析实验的主要任务是通过课堂实践，进一步加深对水质分析方法和原理的理解，掌握水质分析化学的基本操作和技能，以及分析结果的处理方法，为解决水质分析中的实际问题打下基础。通过实验室的严格训练，进一步建立准确“量”的概念，培养良好的工作态度和严谨细致、实事求是的科学作风。

实验一　分析天平的称量练习

分析天平是定量分析中重要而又常用的精密仪器之一。常用的分析天平最大负载为200 g，分度值(感量)为0.1 mg。实验室中常用的有普通的阻尼天平、电光天平、单盘分析天平、电子天平等。电子天平是技术上最先进的一种，具有准确、简便、快捷的特点，已在各类实验室中广泛应用。

一、实验目的

掌握电子天平的结构、使用规则和称量方法。

二、电子天平的使用方法

1. 开机：接通电源(接通插头或打开开关)，预热。

2. 调零：检查天平的水平仪，如不水平，应通过调节天平左、右两个水平支脚而使其达到水平状态。按一下“开/关”键，显示屏应很快出现“0.000 0 g”，如果示数不是“0.000 0 g”，应参照天平说明书一次校准。

3. 称量：轻轻打开电子天平侧门，将置于称量纸或称量容器中的被称物，轻轻放在秤盘上，关闭侧门，待显示屏上的数字稳定并出现质量单位“g”后，即可读数，并记录称量结果。注意：称量物体不得超过天平的最大载重量，也不得在天平上称量过热、过冷的物质。吸湿性或挥发性的物质，须放在密闭容器中称量。取放称量容器时用纸条夹取，不得徒手操作，要始终保持称量容器内外清洁，以免污染秤盘。称量和读取数值时，必须关上天平门。

4. 关机：称量完毕后，检查天平内外清洁，关好天平门，按下“开/关”键，关闭天平(不需拔掉插头，以便下次使用)，盖好天平罩。

5. 维护：天平室应避免阳光照射，保持干燥，防止腐蚀性气体的侵袭。天平应放在牢固的平台上校准后，应避免振动和移动，否则需重新校准。天平箱内应保持清洁，要放置并定期烘干吸湿用的干燥剂(变色硅胶)，以保持干燥。

6. 天平遇有故障时须及时报告指导教师，不得擅自修理。

三、实验内容

直接准确称取 Na_2CO_3 质量(准确至 0.000 1 g)。

(一) 直接法(增重法)

适用于不易吸水、在空气中稳定的试样,如金属等,可用直接法称量。

按电子天平使用方法进行操作。测量时先将表面皿、烧杯、称量瓶或其他容器放在称量盘上,然后按“去皮”或“TARE”键,待示数稳定后,用药勺渐次加入试样,直到达到所需质量为止。准确称量已备好的 3 个质量的试样,记录试样质量 $W_{样}$ 于表 3-1-1。

表 3-1-1

名称	结果(g)
试样质量	$W_{样1}$
	$W_{样2}$
	$W_{样3}$

(二) 差减法(或减量法)

易于吸水、易于氧化或易与 CO_2 反应的试样,必须采用差减法。

1. 用分析天平称出两个清洁干燥的小烧杯,称准至 0.1 mg。记录 $W_{空1}$ 和 $W_{空2}$。

2. 另取一清洁干燥的称量瓶,称出粗重后,加入约 1 g Na_2CO_3,再在分析天平上精确称量,记录 W_1;从其中移取约 0.3~0.4 g(1/3 左右)于第一个小烧杯中后,精确称量剩余质量,记录 W_2;从中再移取约 0.3~0.4 g 于第二个小烧杯中,精确称量剩余质量,记录 W_3。

3. 再分别称量已装有 Na_2CO_3 样品的小烧杯的质量,记录 $W_{样1}$ 和 $W_{样2}$。

4. 结果的检验。

(1) 检查小烧杯的增重是否等于称量瓶之减重,即

$$W_{样1}-W_{空1}\overset{?}{=}W_1-W_2$$

$$W_{样2}-W_{空2}\overset{?}{=}W_2-W_3$$

若不相等,求出称量的偏差。

(2) 写出实验报告

表 3-1-2 Na_2CO_3 称量结果

名 称	第 1 份质量/g	第 2 份质量/g
称量瓶+Na_2CO_3 称出 Na_2CO_3	$W_1=$ $\frac{W_2}{S_1}=$	$W_2=$ $\frac{W_3}{S_2}=$
小烧杯+称出 Na_2CO_3 小烧杯空重 称出 Na_2CO_3	$W_{样1}=$ $W_{空1}=$ $S_1'=$	$W_{样2}=$ $W_{空2}=$ $S_2'=$
偏差	$S_1-S_1'=$	$S_2-S_2'=$

四、思考题

1. 差减法和直接法两种称量法有何不同？在什么情况下选用何种称量方法？
2. 称量时，能否徒手拿取小烧杯或称量瓶？为什么？

实验二　滴定分析基本操作

滴定分析基本操作是水质分析中重要的实验技术，也是培养学生具有良好分析技能的最基本训练。滴定管、移液管和吸量管与容量瓶(见图 3-2-1～图 3-2-3)分别是滴定分析时准确度量溶液体积和准确吸取与配制一定体积溶液的量器，是滴定分析中最基本的容量分析仪器。

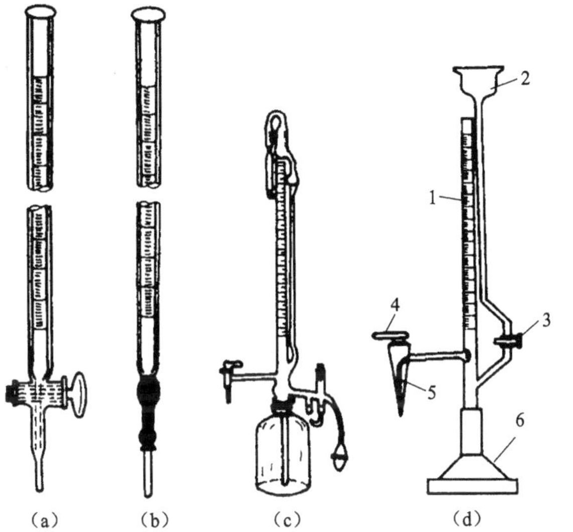

图 3-2-1　滴定管

(a) 酸式滴定管；(b) 碱式滴定管；(c) 自动滴定管；(d) 微量滴定管

1—微量滴定管；2—贮液管；3—装液用活塞；

4—滴定用活塞；5—毛细管；6—底座

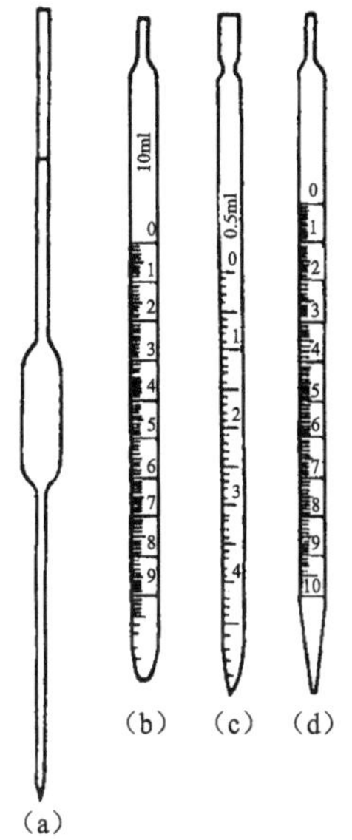

图 3-2-2　移液管和吸量管

(a) 移液管；(b)、(c)、(d)吸量管

一、实验目的

通过 HCl 和 NaOH 溶液的配制和标定，掌握容量分析仪器的用法和滴定操作技术，并学会滴定终点的判断。

二、主要容量分析仪器和试剂

滴定管：25 ml 或 50 ml，1 支；

移液管：25 ml，1 支；

吸量管：1 ml、5 ml、10 ml　各 1 支；

容量瓶：250 ml，2 个；

浓盐酸 HCl(比重 1.183，37%，分析纯 AR)、无水碳酸钠 Na_2CO_3、固体 NaOH；

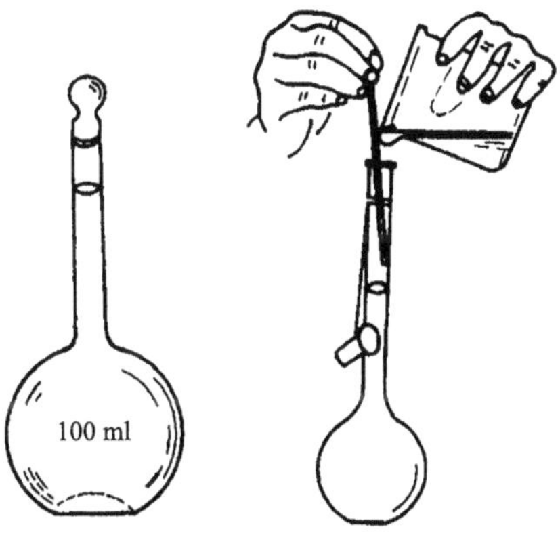

图 3-2-3　容量瓶及转移溶液操作

指示剂：0.1%酚酞乙醇溶液，0.1%甲基橙水溶液，无 CO_2 蒸馏水（见第三部实验四）。

三、实验步骤

1. 无水碳酸钠 Na_2CO_3 的称量

首先将 Na_2CO_3 在干燥箱中 180 ℃下烘 2 h，干燥器中冷却至室温。用差减法准确秤取约 1 g 三份（记录 W_1、W_2、W_3 准确质量，精确到 0.000 1 g），分别放入 250 ml 锥形瓶中，待用。

2. HCl 操作溶液配制与标定——HCl 标准储备溶液的配制

(1) 配制约 1 mol/L HCl 溶液：计算配制 50 ml 1 mol/L HCl 溶液需要浓 HCl 的量 $V_{浓HCl}$(ml)，然后用吸量管吸取 $V_{浓HCl}$(ml)放入 250 ml 容量瓶中，用蒸馏水稀释至刻度，摇匀，贴上标签，待标定。

(2) 标定：向上述 3 份盛 Na_2CO_3 的 250 ml 容量瓶中，分别加入 20 ml 无 CO_2 蒸馏水溶解后，加 1～2 滴甲基橙指示剂，用 HCl 操作溶液滴定至溶液由橙黄色变为淡橙红色为终点。记录消耗 HCl 溶液的量 V_{HCl}(ml)，根据 Na_2CO_3 基准物质的质量，计算 HCl 溶液的量浓度(mol/L)。

$$C_{HCl}=\frac{W/53}{V_{HCl}}\times 1\ 000$$

式中，C_{HCl}——HCl 标准储备溶液的物质的量浓度，mol/L；

V_{HCl}——滴定时消耗 HCl 操作溶液的量，ml；

W——基准物质 Na_2CO_3 的质量，g，共 3 份 W_1、W_2、W_3；

53——基准物质 Na_2CO_3 的摩尔质量（$1/2Na_2CO_3$，g/mol）。

3. 0.100 0 mol/L HCl 溶液的配制

根据上述所得 HCl 标准储备溶液的量浓度，计算配制 250 ml 0.100 0 mol/L HCl 溶液所需的量 $V_{HCl储备}$(ml)，用吸量管准确吸取 $V_{HCl储备}$(ml)放入 250 ml 容量瓶中，用无 CO_2 蒸馏水稀释至刻度。

4. NaOH 操作溶液的配制与标定——NaOH 标准溶液配制

(1) 配制约 0.1 mol/L NaOH 溶液

在台式小天平上秤取配制 250 ml 0.1 mol/L NaOH 溶液所需固体 NaOH 的质量(g)，放入干净的小烧杯中，加少许蒸馏水，用玻璃棒搅拌，溶解后稀释至 250 ml，摇匀，倒入试剂瓶中，贴上标签。

(2) 标定

将上面 NaOH 溶液加入滴定管中，调节零点。用移液管吸取 25 ml 0.100 0 mol/L HCl 溶液共 3 份，分别放入锥形瓶中，加 1～2 滴酚酞指示剂，用滴定管将 NaOH 溶液滴定至溶液由无色变为淡粉红色，指示滴定终点。记录 NaOH 溶液用量(ml)见表 3-2-1。根据 NaOH 溶液用量计算 NaOH 溶液的量浓度(mol/L)。

表 3-2-1 HCL 溶液和 NaOH 溶液标定结果记录

HCl 溶液标定				NaOH 溶液标定			
Na_2CO_3 质量/g				0.100 0 mol/L HCl/ml			
HCl 溶液滴定终点读数/ml				NaOH 溶液滴定终点读数/ml			
初始读数/ml				初始读数/ml			
HCl 溶液用量/ml				NaOH 溶液用量/ml			
HCl 标准溶液的量浓度/(mol/L)				NaOH 标准溶液的量浓度/(mol/L)			
平均量浓度/(mol/L)				平均量浓度/(mol/L)			
绝对偏差				绝对偏差			
平均偏差				平均偏差			
相对平均偏差				相对平均偏差			

思考题

1. 如果移液管、吸量管上未刻有“吹”字，放出溶液后切勿把残留在管尖内的溶液吹出，为什么？

2. 配制 NaOH 溶液时，为什么不用分析天平准确称量？

3. 标定 HCl 溶液时，称量碳酸钠 Na_2CO_3 是否要十分准确？用蒸馏水溶解时加蒸馏水量是否也要十分准确？为什么？

4. 移液管、吸量管和滴定管在使用之前必须用待吸溶液和滴定剂润洗几次，而锥形瓶则不用，为什么？

实验三　水中矿化度的测定(重量法)

一、105 ℃烘干的总固体

(一) 原理

试样在已恒重的蒸发皿内于水浴上蒸发，然后在烘箱中于 105 ℃烘至恒重，超过空蒸发皿的质量，即为总固体质量。

在 105 ℃烘干的总固体，重碳酸盐可转化为碳酸盐，但盐类的结晶水不易除去，也不能除去包裹水。

(二) 仪器

1. 蒸发皿
2. 烘箱
3. 水浴锅
4. 干燥器

(三) 分析步骤

1. 将洗净的蒸发皿在烘箱内于(105＋2)℃烘 1 h 后，放干燥器内冷却，称重。直至恒重(两次称量差不大于 0.000 3 g)。

2. 取适量清澈水样注入蒸发皿内，在水浴上蒸干，取样体积以获得约 100 mg 总固体为宜。

3. 将蒸发皿放入烘箱内，在(105＋2)℃烘 1 h 后，然后取出放干燥器内冷却，称重。

4. 重复烘干、称重，直至恒重。两次结果之差不大于 0.000 3 g。

(四) 结果计算

$$m=\frac{m_1-m_2}{V}\times 1\ 000$$

式中，m——水样总固体质量，mg；

m_1——蒸发皿和水样总固体质量，mg；

m_2——空蒸发皿的质量，mg；

V——所取水样体积，mg。

二、180 ℃烘干的总固体

(一) 原理

水样中含有大量钙、镁氯化物或硫酸盐时，依上法测定总固体，具有潮解性和含有结晶水，需加入碳酸钠并在 180 ℃烘干。

(二) 试剂与仪器

1. 蒸发皿

2. 烘箱
3. 水浴锅
4. 干燥器
5. 无水碳酸钠

（三）分析步骤

1. 向清洁的瓷蒸发皿中加入 0.2～0.49 g 无水碳酸钠，然后置烘箱中，在(180＋2)℃至少烘 1 h。取出，放入干燥器中冷却后，称重，直至恒重。

2. 取适量样品注入蒸发皿内，在水浴上蒸发至干。

3. 将蒸发皿在烘箱内于(180＋2)℃至少烘 1 h，取出，然后置干燥器中冷却后，称重。

4. 重复烘干、称重，直至恒重。两次结果之差不大于 0.000 3 g。

（四）计算同上

三、附注

1. 矿化度可以用每升水中所含阴阳离子总量表示，也可以用每升水中所含的总固体加重碳酸根含量的一半表示。

2. 总固体指水样经蒸发并在(105＋2)℃或(180＋2)℃烘干后残留的物质。报出结果应同时指出所烘干温度。

3. 对于含有大量铁和铝的酸性水，则应使之成为硫酸盐形式测定。为此在蒸发水样时，加入一定量的硫酸(在水样中含盐量不超过 1 g 时，可加 1：2 硫酸溶液 2 ml)，在水浴上蒸干后，于 360～380 ℃加热 1.5～2 h 后称重。此时应注意将分析结果注明为硫酸盐可溶性固体总量。

四、思考题

1. 在做实验时应注意什么？使用烘箱时应注意哪些事项？
2. 水样的矿化度应如何表示？有何不同？

实验四　水中碱度的测定(酸碱滴定法)

水的碱度是指水中所含能够接受质子的物质总量。

一、实验目的

通过实验掌握水中碱度测定的方法,进一步掌握滴定终点的判断。

二、原理

采用连续滴定法测定水中的碱度。首先以酚酞为指示剂,用 HCl 标准溶液滴定至终点时溶液由红色变为无色,用量为 P(ml);接着以甲基橙为指示剂,继续用同浓度 HCl 溶液滴定至溶液由桔黄色变为桔红色,用量为 M(ml)。如果 $P>M$,则有 OH^- 和 CO_3^{2-} 碱度;$P<M$ 则有 CO_3^{2-} 和 HCO_3^- 碱度;$P=M$ 时,则只有 CO_3^{2-} 碱度;如 $P>0$,$M=0$,则只有 OH^- 碱度;$P=0$,$M>0$,则只有 HCO_3^- 碱度。根据 HCl 标准溶液的浓度和用量(P 与 M),求出水中的碱度。

三、仪器和试剂

1. 酸式滴定管(25 ml);
2. 锥形瓶(250 ml);
3. 移液管(100 ml);
4. 无 CO_2 蒸馏水

将蒸馏水或去离子水煮沸 15 min,冷却至室温,pH 应大于 6.0,电导率小于 2 μS/cm。

无 CO_2 蒸馏水应储存在带有碱石灰管的橡皮塞盖严的瓶中,所有试剂溶液均用无 CO_2 蒸馏水配置。

5. 0.100 0 mol/L HCl 溶液;
6. 酚酞指示剂:0.1%的 90%乙醇溶液;
7. 甲基橙指示剂:0.1%的水溶液。

四、实验步骤

1. 用移液管吸取两份水样和无 CO_2 蒸馏水各 100 ml,分别放入 250 ml 锥形瓶中,加入 4 滴酚酞指示剂,摇匀。

2. 若溶液呈红色,用 0.100 0 mol/L HCl 溶液滴定至刚好无色(可与无 CO_2 蒸馏水的锥形瓶比较)。记录用量 P。若加酚酞指示剂后溶液无色,则不需用 HCl 溶液滴定,接着按下步操作。

3. 再于每瓶中加入甲基橙指示剂 3 滴,混匀。

4. 若水样变为桔黄色,继续用 0.100 0 mol/L HCl 溶液滴定至刚刚变为桔红色为止(与无 CO_2 蒸馏水中颜色比较),记录用量 M。如果加甲基橙指示剂后溶液为桔红色,则不需用 HCl 溶液滴定。

5. 实验结果记录：

表 3-4-1　碱度测定结果记录

锥形瓶编号		1	2
酚酞指示剂	P/ml		
	平均值		
甲基橙指示剂	M/ml		
	平均值		

6. 计算：

$$总碱度(CaO\ 计,mg/L)=\frac{C(P+M)\times 28.04}{V}\times 1\,000$$

$$总碱度(CaCO_3\ 计,mg/L)=\frac{C(P+M)\times 50.05}{V}\times 1\,000$$

式中，C——HCl 标准溶液的量浓度，mol/L；

P——酚酞为指示剂滴定终点时消耗 HCl 标准溶液的量，ml；

M——甲基橙为指示剂滴定终点时消耗 HCl 标准溶液的量，ml；

V——水样体积，ml；

28.04——CaO 的摩尔质量(1/2CaO，g/mol)；

50.05——CaO 的摩尔质量(1/2$CaCO_3$，g/mol)。

五、思考题

1. 请根据实验数据，判断水样中有何种碱度。
2. 为什么水样直接以甲基橙为指示剂，用酸标准溶液滴定至终点，所得碱度是总碱度？

实验五　水中硬度的测定(络合滴定法)

水的硬度是指水中 Ca^{2+}、Mg^{2+} 浓度的总量，是水质的重要指标之一。

一、实验目的

1. 学会 EDTA 标准溶液的配制与标定方法；
2. 掌握水中硬度的测定原理和方法。

二、原理

在 pH=10 的 NH_3-NH_4Cl 缓冲溶液中，铬黑 T 与水中 Ca^{2+}、Mg^{2+} 形成紫红色络合物，然后用 EDTA 标准溶液滴定至终点时，置换出铬黑 T 使溶液呈现亮蓝色，即为终点。根据 EDTA 标准溶液的浓度和用量便可求出水样中的总硬度。

如果在 pH>12 时，Mg^{2+} 以 $Mg(OH)_2$ 沉淀形式被掩散，加钙指示剂，用 EDTA 标准溶液滴定至溶液由红色变为蓝色，即为终点。根据 EDTA 标准溶液的浓度和用量求出水样中 Ca^{2+} 的含量。

三、仪器和试剂

1. 滴定管(50 ml)。

2. 10 mmol/L EDTA 标准溶液：称取 3.725 g EDTA 钠盐(Na_2-EDTA · $2H_2O$)，溶于水后倾入 1 000 ml 容量瓶中，用水稀至刻度。

3. 铬黑 T 指示剂：称取 0.5 g 铬黑 T 与 100 g 氯化钠 NaCl 充分研细混匀，盛放在棕色瓶中，紧塞。

4. 缓冲溶液(pH≈10)

称取 16.9 g NH_4Cl 溶于 143 ml 浓氨水中，加 Mg-EDTA 盐全部溶液，用水稀释至 250 ml。

Mg-EDTA 盐全部溶液的配制：称取 0.78 g 硫酸镁($MgSO_4 \cdot 7H_2O$)和 1.179 g EDTA 二钠(Na_2-EDTA · $2H_2O$)溶于 50 ml 水中，加 2 ml 配好的氯化铵的氨水溶液和 0.2 g 左右铬黑 T 指示剂干粉。此时溶液应显紫红色(如果出现蓝色，应再加极少量硫酸镁使变为紫红色)。用 10 mmol/L EDTA 溶液滴定至溶液恰好变为蓝色为止(切勿过量)。

5. 10 mmol/L 钙标准溶液：准确称取 0.500 g 分析纯碳酸钙 $CaCO_3$(预先在 105～110 ℃下干燥 2 h)放入 500 ml 烧杯中，用少量水润湿。逐滴加入 4 mol/L 盐酸至碳酸钙完溶解。加 100 ml 水，煮沸数分钟(除去 CO_2)，冷至室温。加入数滴甲基红指示液(0.1 g 溶于 100 ml 60%乙醇中)，逐滴加入 3 mol/L 氨水直至变为橙色，转移至 500 ml 容量瓶中，用蒸馏水定容至刻度。此溶液 1.00 ml=1.00 mg $CaCO_3$=0.400 8 mg 钙。

6. 酸性铬蓝 K 与萘酚绿 B[m/m=1∶(2～2.5)]混合指示剂(KB 指示剂)

将 KB 与 NaCl 按 1∶50 比例混合研细混匀。

7. 三乙醇胺(20%)。

8. Na_2S 溶液(2%)。

9. 4 mol/L HCl 溶液。

10. 10%盐酸羟胺溶液:现用现配。

11. 2 mol/L NaOH 溶液:将 8 g NaOH 溶于 100 ml 新煮沸放冷的水中,盛放在聚乙烯瓶中。

四、实验内容

(一) EDTA 的标定

分别吸取 3 份 25.00 ml 10 mmol/L 钙标准溶液于 250 ml 锥形瓶中,加入 20 ml pH≈10 的缓冲溶液和 0.2 g KB 指示剂,用 EDTA 溶液滴定至溶液由紫红色变为蓝绿色,即为终点,记录用量。按下式计算 EDTA 溶液的量浓度(mmol/L)。

$$C_{EDTA}=\frac{C_1V_1}{V}$$

式中,C_{EDTA}——EDTA 标准溶液的量浓度,mmol/L;

V——消耗 EDTA 溶液的体积,ml;

C_1——钙标准溶液的量浓度,mmol/L;

V_1——钙标准溶液的体积,ml。

(二) 水样的测定

1. 总硬度的测定

(1) 吸取 50 ml 自来水水样 3 份,分别放入 250 ml 锥形瓶中。加 1～2 滴 HCl 溶液酸化,煮沸数分钟以除去 CO_2,冷却至室温,并再用 NaOH 或 HCl 调至中性。

(2) 加 5 滴盐酸羟胺溶液。

(3) 加 1 ml 三乙醇胺溶液(掩蔽 Fe^{3+}、Al^{3+} 等的干扰)

(4) 加 5 ml 缓冲溶液和 1 ml Na_2S 溶液(掩蔽 Cu^{2+}、Zn^{2+} 等重金属离子)

(5) 加 0.2 g(约 1 小勺)铬黑 T 指示剂,溶液呈明显的紫红色。

(6) 立即用 10 mmol/L EDTA 标准溶液滴定至蓝色,即为终点(滴定时充分摇动,使反应完全),记录用量($V_{EDTA(1)}$)。由下式计算:

$$总硬度(mmol/L)=\frac{C_{EDTA}V_{EDTA(1)}}{V_0}$$

$$总硬度(CaCO_3 计,mg/L)=\frac{C_{EDTA}V_{EDTA(1)}}{V_0}\times 100.1$$

式中,C_{EDTA}——EDTA 标准溶液的量浓度,mmol/L;

$V_{EDTA(1)}$——消耗 EDTA 标准溶液的体积,ml;

V_0——水样的体积,ml;

100.1——碳酸钙的摩尔质量($CaCO_3$,g/mol)。

2. 钙硬度的测定

(1) 吸取 50 ml 自来水水样 3 份,分别放入锥形瓶中,以下同总硬度测定步骤(1)至(3)。

(2) 加 1 ml 2 mol/L NaOH 溶液(此时水样的 pH 为 12～13)。加 0.2 g(约 1 小勺)钙

指示剂(水样呈明显的紫红色)。立即用 EDTA 标准溶液滴定至蓝色,即为终点。记录用量($V_{EDTA(2)}$)。由下式计算:

$$钙硬度(Ca^{2+},mg/L)=\frac{C_{EDTA}V_{EDTA(2)}}{V_0}\times 40.08$$

式中,$V_{EDTA(2)}$——消耗 EDTA 标准溶液的体积,ml,

40.08——钙的摩尔质量(Ca,g/mol)。

五、实验结果记录

表 3-5-1 硬度测定结果记录

水样编号	1	2	3
$V_{EDTA(1)}$/ml			
平均值			
总硬度/(mmol/L)			
总硬度/($CaCO_3$ 计,mg/L)			
$V_{EDTA(2)}$/ml			
平均值			
钙硬度(Ca,mg/L)			

六、思考题

1. 根据上述数据,计算水中镁硬度是多少(用 mg/L 表示)?
2. 测定水的硬度时,缓冲溶液中加 Mg-EDTA 盐的作用是什么?对测定有无影响?

实验六 天然水中氯化物的测定(沉淀滴定法)

一、实验目的

1. 掌握 $AgNO_3$ 溶液的标定方法；

2. 掌握莫尔法测定水中 Cl^- 的原理和方法。

二、方法提要

硝酸银容量法测定水中的氯离子是根据分步沉淀的原理，用铬酸钾作指示剂，当加入硝酸银溶液时，根据溶度积的原理可以计算出，虽然氯化银的溶度积(1.8×10^{-10})大于铬酸银的溶度积(2×10^{-10})，但是氯化银将先沉淀出来，并且待氯离子几乎沉淀完全了，铬酸银才开始沉淀。

$$Cl^- + Ag^+ \longrightarrow AgCl\downarrow \text{(等当点前)}$$

$$CrO_4^{2-} + 2Ag^+ \longrightarrow \underset{\text{(砖红色)}}{Ag_2CrO_4}\downarrow \text{(等当点)}$$

由于必须有微过量的硝酸银与铬酸钾反应后才能指示终点，所以硝酸银的用量要比等当量的氯离子略高，因此需要同时取蒸馏水做空白试验来消除误差。

三、试剂

1. 氯化钠标准溶液取优级纯氯化钠于清洁的蒸发皿中，在电炉上加热，用玻璃棒搅拌，待爆裂声停止后，把蒸发皿放干燥器中冷却。称取 0.824 3 g 上述氯化钠溶于蒸馏水中，移入 1 L 容量瓶中，稀释至刻度并摇匀。此溶液每毫升含氯离子 0.500 0 mg。

2. 硝酸银标准溶液称取 3.95 g 分析纯硝酸银，溶于蒸馏水中并稀释成 1 L，避光贮存于棕色瓶中，按下述方法标定。

准确吸取 5 ml 氯化钠标准溶液于 250 ml 三角瓶中，加入蒸馏水至 50 ml，加入 10 滴铬酸钾指示剂，用硝酸银溶液滴定至出现稳定的淡桔黄色为终点，同时另取 50 ml 蒸馏水做空白试验。按下式计算：

$$T_{Cl^-}=\frac{0.5\times V}{V_1-V_0}$$

式中：T_{Cl^-}——硝酸银溶液的滴定度(mg Cl^-/ml)：

V——所取氯化钠标准溶液的毫升数；

V_1——标定所耗硝酸银溶液毫升数；

V_0——空白试验所消耗硝酸银溶液毫升数。

3. 铬酸钾溶液称取 10 g 铬酸钾(K_2CrO_4)溶于少量蒸馏水中，加入硝酸银溶液至红色不褪，混匀，放置过夜后过滤。将过滤液用蒸馏水稀释至 100 ml。

四、分析步骤

吸取 50 ml 水样于 250 ml 三角瓶中，加入 10 滴 10%铬酸钾溶液，在不断振摇下用硝酸银标准溶液滴定至出现稳定的淡桔黄色为终点，同时取 50 ml 蒸馏水作空白试验。按下式计算：

$$Cl^-(mg/L)=\frac{T\times(V_2-V_0)\times 1\,000}{V}$$

式中：T——硝酸银溶液的滴定度；

V_2——水样消耗的硝酸银溶液毫升数；

V_0——空白试验消耗的硝酸溶液毫升数；

V——所取水样的毫升数。

五、实验记录

表 3-6-1 Cl^- 测定结果记录

实验编号	1	2	3	4
$AgNO_3$ 溶液标定	V_{1-1}	V_{1-2}	V_{1-3}	V_0
滴定管终读数/ml				
滴定管始读数/ml				
V_{AgNO_3}/ml				
水样测定	V_{2-1}	V_{2-2}	V_{2-3}	V_0
滴定管终读数/ml				
滴定管始读数/ml				
V_{AgNO_3}/ml				

六、附注

1. 如水样中含有少量亚硫酸盐、硫化物及亚硝酸盐时则加氢氧化钠溶液将水样调节至中性和弱碱性，加 1 ml 3%过氧化氢将其除去。

2. 反应要在 pH6.3～10.5 范围内进行。否则应当用不含氯离子的碳酸氢钠或稀硝酸溶液调节 pH 至上述范围。

3. 终点淡桔黄色不要太深，要使水样与空白试验的终点颜色一致。

4. 由于氯化银沉淀的吸附作用，滴定时必须在强烈振摇下进行。

5. 若水样带色，可每 50 ml 水样加 1 ml 氢氧化铝悬浮液处理脱色后，再行测定。

6. 此法测得的结果，实际为氯离子、溴离子、碘离子的总和。一般天然水中溴、碘离子甚微，可不予考虑，若分析卤水或油田水，其溴、碘离子含量较大，计算氯离子的含量时，要减去溴、碘离子的含量。

七、思考题

1. 为什么在测定过程中要同时取蒸馏水做空白试验？

2. 在测定过程中，用什么调 pH？为什么？

3. 若水样带色，如何处理后再测定？在滴定过程中为什么要不断强烈振摇？

实验七　水中高锰酸盐指数的测定(高锰酸钾法)

高锰酸盐指数是水中有机物污染综合指标之一。

一、实验目的

1. 学会高锰酸钾 $KMnO_4$ 标准溶液的配制与标定；
2. 掌握清洁水中高锰酸盐指数的测定原理和方法。

二、原理

水样在酸性条件下，高锰酸钾 $KMnO_4$ 将水样中的某些有机物及还原性的物质氧化，剩余的 $KMnO_4$ 用过量的草酸钠 $Na_2C_2O_4$ 还原，再以 $KMnO_4$ 标准溶液回滴剩余的 $Na_2C_2O_4$，根据加入过量 $KMnO_4$ 和 $Na_2C_2O_4$ 标准溶液的量及最后 $KMnO_4$ 标准溶液的用量，计算高锰酸盐指数，以 mgO_2/L 表示。

三、仪器与试剂

1. 酸式滴定管(50 ml)、锥形瓶(250 ml)。

2. 高锰酸钾溶液($1/5\ KMnO_4 \approx 0.1$ mol/L)：称取 3.2 g $KMnO_4$ 溶于 1.2 L 蒸馏水中，煮沸，使体积减少至 1 L 左右。放置过夜，用 G—3 号玻璃砂芯漏斗过滤后，滤液贮于棕色瓶中，避光保存。

3. 高锰酸钾溶液($1/5\ KMnO_4 \approx 0.01$ mol/L)：吸取 100 ml 0.1 mol/L $KMnO_4$ 溶液于 1 000 ml 容量瓶中，用水稀释至刻度，混匀，贮于棕色瓶中，避光保存。此溶液约为 0.01 mol/L，使用当天应标定其准确浓度。

4. 草酸钠标准溶液($1/2Na_2C_2O_4 = 0.100\ 0$ mol/L)：称取 0.670 5 g 在 105～110 ℃烘干 1 h 并冷却的草酸钠溶于水，移入 1 000 ml 容量瓶中，用水稀释至刻度。

5. 草酸钠标准溶液($1/2Na_2C_2O_4 = 0.010\ 0$ mol/L)：吸取 10 ml 上述草酸钠溶液，移入 100 ml 容量瓶中，用水稀释至刻度。

6. (1＋3)硫酸。

四、实验内容

1. $KMnO_4$ 溶液的标定

将 50 ml 蒸馏水和 5 ml(1＋3) H_2SO_4 依次加入 250 ml 锥形瓶中，然后用移液管加 10 ml 0.010 0 mol/L $Na_2C_2O_4$ 标准溶液，加热至 70～85 ℃，用 0.01 mol/L $KMnO_4$ 溶液滴定至由无色不能超过刚刚出现浅红色为滴定终点。记录 0.01 mol/L $KMnO_4$ 溶液用量。共做三份，并计算 $KMnO_4$ 标准溶液的准确浓度。

2. 水样测定

(1) 取样：清洁透明水样取样 100 ml；浑浊水取 10～25 ml，加蒸馏水稀释至 100 ml。将水样放入 250 ml 锥形瓶中，共 3 份。

(2) 加入 5 ml(1+3)H_2SO_4,用滴定管准确加入 10 ml 0.01 mol/L $KMnO_4$ 溶液(V_1),并投入几滴玻璃珠,加热至沸腾,从此时准确煮沸 10 min。若溶液红色消失,说明水中有机物含量太多,则另取较少量水样用蒸馏水稀释 2～5 倍(至总体积 100 ml)。再按步骤(1)、(2)重做。

(3) 煮沸 10 min 后趁热用吸量管准确加入 10 ml 0.010 0 mol/L 草酸钠溶液(V_2),摇动均匀,立即用 0.01 mol/L $KMnO_4$ 溶液滴定至显微红色。记录消耗 $KMnO_4$ 溶液(V'_1)。

计算:

$$\text{高锰酸盐指数}(O_2, mg/L)=\frac{[C_1(V_1+V'_1)-C_2V_2]\times 8\times 1\,000}{V_{水}}$$

式中,C_1——$KMnO_4$ 标准溶液浓度(1/5$KMnO_4$,mol/L);

V_1——开始加入 $KMnO_4$ 标准溶液的量,ml;

V'_1——最后滴定 $KMnO_4$ 标准溶液的用量,ml;

C_2——$Na_2C_2O_4$ 标准溶液的浓度(1/2$Na_2C_2O_4$=0.010 0 mol/L);

V_2——加入 $Na_2C_2O_4$ 标准溶液的量,ml;

8——氧的摩尔质量(1/2O,g/mol);

$V_{水}$——水样的体积,ml。

五、实验结果记录

表 3-7-1 高锰酸盐指数测定结果记录

实验编号	1	2	3
$KMnO_4$ 标定	V_{1-1}	V_{1-2}	V_{1-3}
滴定管终读数/ml			
滴定管始读数/ml			
$KMnO_4$ 用量/ml			
加入 $Na_2C_2O_4$ 量/ml			
$KMnO_4$ 准确浓度/(mol/L)			
水样测定	V'_{1-1}	V'_{1-2}	V'_{1-3}
滴定管终读数/ml			
滴定管始读数/ml			
滴定 $KMnO_4$ 的用量/ml			
加入 $KMnO_4$ 量 V_1/ml			
加入 $Na_2C_2O_4$ 量 V_2/ml			
高锰酸盐指数/(mgO_2/L)			

六、思考题

1. 高锰酸盐指数的含义是什么?它表示水质污染的何种指标?
2. 滴定水样时,为什么要在 60～80 ℃进行滴定?

实验八 天然水中亚硝酸盐的测定

一、实验目的

1. 加深理解亚硝酸盐在水质评价中的意义；
2. 了解亚硝酸盐的测定原理及方法。

二、方法提要

水中亚硝酸盐在酸性溶液中与对氨基苯磺酸发生重氮反应，再与α-萘胺起偶氮反应，生成紫红色染料，颜色的深浅与亚硝酸根的含量成正比，可进行比色测定。其反应方程式如下：（若取 50 ml 水样，最低检出浓度为 0.004 mg/L）

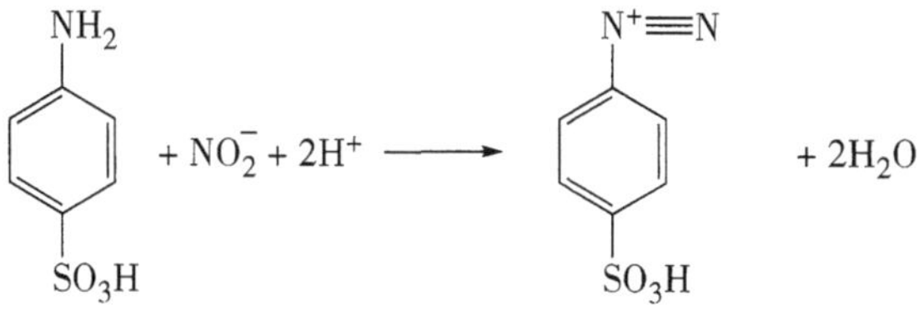

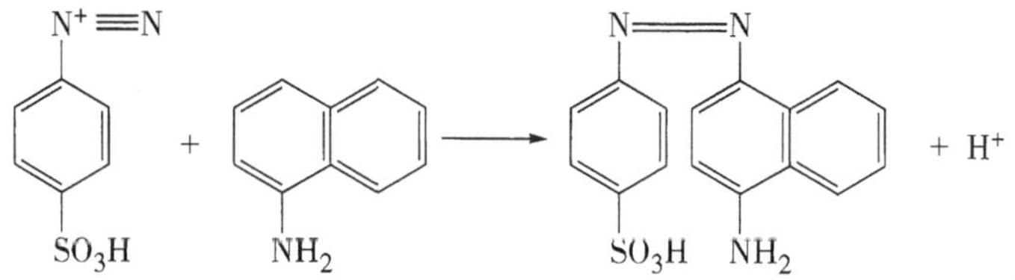

三、试剂

1. 对氨基苯磺酸-α-萘胺混合液：

对氨基苯磺酸溶液：称取 0.8 g 对氨基苯磺酸（$NH_2C_6H_4SO_3H$），溶于 150 ml 12%乙酸溶液中（低温加热，搅拌溶解），贮于棕色瓶中。

α-萘胺溶液：称取 0.2 g α-萘胺（$C_{10}H_7NH_2$）溶于数滴冰乙酸中，再加 150 ml 12%乙酸溶液，混匀，贮于棕色瓶中。

测定前，将上述两种溶液等体积混合摇匀，混合溶液应为无色。

2. 亚硝酸根标准溶液：称取 0.299 9 g 干燥的分析纯亚硝酸钠（$NaNO_2$），溶于少量蒸馏水中，转入 1 000 ml 容量瓶并定容。吸取此溶液 1.00 ml 至 1 000 ml 容量瓶定容，则得 1.0 ml=0.2 μg NO_2^- 的标液

3. 氢氧化铝悬浮液：称取 125 g 硫酸铝溶于 1 L 蒸馏水中，慢慢加入浓氨水，使胶铝离子沉淀完全，放置澄清后倾去上层清液，加蒸馏水反复洗涤，直至清液加 $BaCl_2$ 溶液（检查硫酸根）和 $AgNO_3$ 溶液（检查氯离子）无浑浊现象为止，最后向氢氧化铝体沉淀中加入 300 ml 蒸馏水，使用时振荡摇匀。

四、分析步骤

准确吸取水样 50 ml 于 50 ml 比色管中，同时取 1.0 ml=0.2 μg 亚硝酸盐的标液 0.00，1.00，2.00，4.00，6.00，8.00，10.00，15.00，20.00，25.00 ml 分别放入 50 ml 比色管中，并用蒸馏水稀释至刻度。再分别加入 2 ml 对氨基苯磺酸-α-萘胺混合液，摇匀，10 min 后在波长 520 nm 测其吸光度，并用蒸馏水作空白。

$$计算：亚硝酸根(mg/L)=\frac{测得值(mg)}{水样毫升数}\times 1\ 000$$

五、实验结果记录

表 3-8-1　亚硝酸盐测定结果记录

实验编号	1	2	3	4	5	6
标准溶液使用体积/ml						
含量/mg						
浓度/(mg/L)						
吸光度值						
水样吸光度值						

六、附注

1. 采样后应先做此项分析，以免久放使亚硝酸根氧化或还原而损失。

2. 若水样带色或浑浊，可在 100 ml 水样中加入 1 ml 氢氧化铝悬浮液充分振摇，过滤脱色后，再测定。

七、思考题

1. 亚硝酸盐水样采集后，要很快测定，为什么？

2. 亚硝酸盐对人体有何危害？

实验九　天然水中硝酸盐的测定

一、实验目的

1. 明确硝酸盐指标在水质评价中的意义；
2. 掌握硝酸盐的测定方法。

二、原理

在碱性溶液中，硝酸根离子能与水杨酸生成硝基衍生酚，呈现黄色，其颜色深度与硝酸根离子含量成正比。

三、试剂

1. 10%水杨酸：称 10 g 水杨酸溶于 100 ml 乙醇中。
2. 30%氢氧化钠。
3. 浓硫酸。
4. 硝酸钾标准液：精确称取经 105 ℃烘 1～2 h 硝酸钾（KNO_3）0.163 1 g，用蒸馏水溶入 1 000 ml 容量瓶中，再稀至刻度，此为储备液。吸取 10 ml 储备液稀至 100 ml，即得 1 ml 含 0.01 mg 硝酸根之标准液。

四、测定步骤

取 5 ml 试水，放入蒸发皿中，另分别吸取 0.0、0.2、0.4、0.6、0.8、1.0、2.0、4.0、6.0、8.0、10.0 ml 硝酸钾标准溶液于蒸发皿中，低温加热蒸干。冷却后，加入 10%水杨酸溶液 10 滴，全部湿润残渣。加 1 ml 浓硫酸，溶解全部残渣。5 min 后加入 15 ml 蒸馏水及 30%氢氧化钠溶液 6 ml，分别移入 25 ml 比色管中，稀至 25 ml。将试水与标准色阶进行比较测定。若用分光光度计测定，则用 435～480 mμm 波长测其光密度。

计算：

$$NO_3^-(mg/L)=\frac{a\times 0.01\times 1\ 000}{V}$$

式中，a——相当硝酸钾标准溶液毫升数；

V——取试水毫升数。

五、实验结果记录

表 3-9-1　硝酸盐测定结果记录

实验编号	1	2	3	4	5	6
标准溶液使用体积/ml						
含量/mg						

续表

实验编号	1	2	3	4	5	6
浓度 C/(mg/L)						
吸光度值						
水样吸光度值						

六、附注

1. 氯离子含量大于 300 mg/L 时可用硫酸银(Ag_2SO_4)将氯离子沉淀过滤后,再进行硝酸根离子测定。

2. 铁含量大于 0.5 mg/L 时,在蒸发前加入少许酒石酸盐消除其影响。

3. 试水有颜色及混悬固体时,处理方法同亚硝酸根测定中注意事项 2。

4. 试水中亚硝酸根含量大于 1 mg/L 时,加过氧化氢(H_2O_2)煮沸,使之氧化为硝酸根,然后从测定结果中减去。

5. 若试水 pH 小于 7 时,应将试水 pH 调至大于 7 后再低温加热蒸干。

七、思考题

1. 水样采集后,为什么要尽快测定,如不能立即测定应采取什么措施。

2. 硝酸盐是怎样对人体产生毒性作用的。

实验十 天然水中硫酸盐的测定（硫酸钡比浊法）

一、实验目的

1. 掌握硫酸钡比浊法的测定原理方法；
2. 进一步熟悉分光光度计和吸量管的使用方法。

二、方法提要

水中硫酸盐和钡离子生成细微的硫酸钡结晶，使水溶液混浊，其混浊程度和水样中硫酸盐含量呈正比关系。可用浊度计或分光光度计测定硫酸钡悬浮液吸光度，并将读数与校准曲线作比较来确定硫酸根离子的含量。

本方法适用于测定饮用天然矿泉水中硫酸根离子的含量。本法最低检测量为0.25mg SO_4^{2-}，若取 50 ml 水样测定，最低检测浓度为 5.0 mg/L。

三、试剂

1. 硫酸盐标准溶液：称取 1.814 2 g 在 105 ℃烘干恒重的分析纯硫酸钾（K_2SO_4），或 1.478 6 g 无水硫酸钠（Na_2SO_4）溶于少量蒸馏水中，并定容至 1 000 ml 容量瓶中。此液 1 ml＝1.0 mg 硫酸盐（SO_4^{2-}）。吸取此溶液 5.0 ml 稀释至 100 ml，得 1.0 ml＝0.050 mg 硫酸根离子的标准溶液。

2. 氯化钡溶液：(3 mol/L)称取 183 g 氯化钡，溶于 500 ml 蒸馏水中。

四、分析步骤

1. 取一系列 50 ml 比色管，分别加入 1.0 ml＝0.050 mg 硫酸根离子标准溶液0.00、1.00、2.00、3.00、4.00、5.00、6.00、7.00、8.00 ml，用蒸馏水稀释至 25 ml，然后按水样测定步骤进行。

2. 吸取无色透明水样 25 ml 于 50 ml 比色管中，加 8 滴 1＋1 盐酸，5 ml 无水乙醇摇匀，加 5 ml 氯化钡溶液，以一定方式振摇 1 min，待 5 min 后与标准浊度管比较，或在 420 mμm 波长处测其吸光度。

计算：$$SO_4^{2-}(\text{mg/L})=\frac{\text{测得值(mg)}}{\text{水样毫升数}}\times 1\,000$$

五、实验结果记录

表 3-10-1 SO_4^{2-} 测定结果记录

实验编号	1	2	3	4	5	6
标准溶液使用体积/ml						
含量/mg						
浓度 C/(mg/L)						
吸光度值						
水样吸光度值						
水样浓度 C/(mg/L)						

六、附注

1. 水样带色或浑浊，应于脱色过滤。

2. 搅拌能影响硫酸钡的颗粒，每次搅拌或振摇应保持一定方式、一定速度和一定时间，这些条件一经确定，则在整批测定中不应改变。

3. 比浊观察时，从上向下选一白纸上的黑字为背景较为清晰。

七、思考题

1. 硫酸根存在水中，对人体会有什么影响?

2. 在实验过程中应注意哪些事项? 为什么?

实验十一 水中微量铀的测定

一、实验目的

1. 了解水中微量铀的测定方法；
2. 了解 WGJ－Ⅲ型微量铀分析仪的工作原理和使用方法。

二、工作原理

WGJ－Ⅲ型微量铀分析仪采用紫外荧光法测定液体样品中的微量铀，铀在液体中以铀酰离子 UO_2^{2+} 存在，用加入一种特别的铀荧光增强剂，使铀酰离子络合成具有荧光效率很高的单一络合物，该络合物受紫外光脉冲照射，产生 500 nm，522 nm，546 nm 波长的荧光，这种荧光强度表征着液体样品中的铀含量，并与样品中铀浓度成正比。

三、仪器与试剂

1. WGJ－Ⅲ型微量铀分析仪(北京第二光学仪器厂)。

2. 微量加液器。

3. 标准铀溶液的配制：称取八氧化三铀 0.589 5 g 于 100 ml 烧杯中，加 6 ml 高氯酸，在低温电热板上溶解，加高氯酸前可先加 1～2 滴水润湿八氧化三铀，待溶液清亮后，加 1 ml HCl 把壁上的黑渣慢慢冲洗下去，冷却用纯净水定容至 1 000 ml 容量瓶中，此溶液为 500 mg/L 铀。

准确分取上述溶液 5 ml，用 4 mol/L 盐酸准确稀释至 500 ml，此溶液为 10 μg/L 铀。

再准确分取上述溶液 5 ml，用 4 mol/L 盐酸准确稀释至 500 ml，此溶液为 1 μg/L 铀。待用。

四、仪器校准及使用方法

1. 校准方法

取 5 ml 蒸馏水(或去离子水)于石英比色皿中，放入测量盒进行测试，取三次测试的平均值，向比色皿中加入含量为 1 μg/ml 的标准铀溶液 5 μl，用玻璃棒搅拌均匀后进行测试，二次测试的差值大约在 10 个数(此时比色皿内的铀含量为 1 ng/ml)，然后加入 0.5 ml 铀荧光增强剂，用玻璃棒搅拌均匀放入测量盒进行测试，荧光净计数为 200 左右，如果达不到该计数就提高光电倍增管的负高压。

调整方法：在主菜单上点击参数设定，就可以在界面上按示意进行升高或降低光电倍增管的负高压，有些样品测试时需查看放入样品前后光源强度的变化，也可以在该界面上看到。

2. 操作步骤

A. 取 5 ml 样品放入比色皿中，把比色皿置入样品盒，关好样品室小门，在液晶屏上按样品测量键，自动连测三个数，如果有一个数离散性较大，可点击该数进行删除，然后再补测一次，得三次荧光计数的平均值 F_0。

B. 点击液晶屏右下角下一步键，液晶屏显示的内容为加增强剂，请向比色皿中加入 0.5 ml 铀荧光增强剂，并用玻璃棒搅拌均匀，管好样品室小门，用(A)条的方法测得 F_1。

C. 点击液晶屏下一步键，弹出一个数字长方框，键入与样品铀含量相近的标铀值。如要键入"1 ng"，具体操作为点击"1"，再点击确认键"√"，就可以在液晶屏上看到 1 ng，然后就向样品中注入 1 μg/ml 标铀 5 μl，用玻璃棒搅拌均匀，关好样品室小门，用(A)条的方法测得 F_2。

D. 在分析样品时，加入铀荧光增强剂后有沉淀或浑浊产生，说明该样品浓度很高，则应适当稀释，然后测得样品的 pH 应在 3～10 之间为好。

E. 标准加入法计算公式：

$$U=\frac{F_1-F_0}{F_2-F_1}\times\frac{\text{标准加入体积 } a\,(\text{ml})}{\text{样品体积 } b\,(\text{ml})}\times(\text{标准铀浓度 K})\,(\text{ng/ml})$$

五、思考题

1. 天然铀属何种放射性辐射体？它对人体的主要危害形式是什么？
2. 环境中铀的主要污染源有哪些？

实验十二　环境水中痕量钍的偶氮胂Ⅲ光度法测定

一、方法提要

环境水用三价铁作载体，用氨水沉淀钍，当 pH 为 8～9 时，钍被定量沉淀，沉淀用硝酸溶解，在 2～8 mol/L 硝酸酸度下，钍被 N_{263} 色层柱吸附，使其与大量铁、钙、硅及铀等干扰元素分离，被吸附的钍用盐酸解脱，用偶氮胂Ⅲ在小体积内显色，在波长为 660 nm 处测量其吸光度。

二、试剂和材料

1. 氨水(ρ=0.88 g/ml)。
2. 硝酸(ρ=1.42 g/ml)。
3. 硝酸溶液 $C(HNO_3)$=2 mol/L。
4. 盐酸溶液 $C(HCl)$=4 mol/L。
5. 草酸溶液 $\rho(H_2C_2O_4)$=50 g/L。
6. 尿素溶液 $\rho(H_2NCONH_2)$=400 g/L。
7. 三氯化铁溶液 $\rho(FeCl_3)$=30 g/L，称取 15 g 三氯化铁溶解于 100 ml，0.1 mol/L 硝酸溶液中。
8. 偶氮胂Ⅲ溶液 ρ(AAⅢ)=1 g/L。
9. 大孔吸附树脂(二乙烯苯-丙烯腈共聚物)D_{A201}型，粒度 0.246～0.175 mm。
10. 溶剂煤油(200 号)。
11. 第二辛醇。
12. 氯化甲基三烷基胺(N_{263})。
13. 抗坏血酸。
14. 钍标准溶液：准确称取 0.237 9 g 硝酸钍于 50 ml 烧杯中，加 5 ml 硝酸加热溶解。转入 1 000 ml 容量瓶中，用水稀释至刻度线，摇匀。此液 1 ml 含 100 μg 钍。
15. 钍标准溶液：移取 1.0 ml 钍标准溶液于 100 ml 容量瓶中用硝酸溶液稀释至刻度，摇匀。此液 1 ml 含 1.0 μg 钍。
16. 玻璃色层柱 Φ=7 mm，L=6 cm。
17. 玻璃色层柱(直型)Φ=40 mm，L=500 cm。
18. 锥形塑料桶 5 L。

三、分析步骤

1. 树脂的预处理

取一定量 DA201 树脂于 1 L 烧杯中，用无水乙醇浸洗至无色后，转入下部填有玻璃毛的玻璃色层柱中，再用无水乙醇淋洗至流出液无白色混浊物为止。将洗好的树脂倒入大瓷盘中自然晾干，然后放入烘箱中，在 80 ℃温度下烘干至无乙醇气味，即可装瓶保存。

2. N_{263}色层粉的制备及装柱

称取 1 g N_{263}萃取剂于干烧杯中，加 1.5 ml 溶剂煤油、2 滴二辛醇用力搅匀，加 1 g DA201 树脂，并快速用力搅拌至树脂吸附均匀。将此树脂置瓷盘中自然晾干至呈砂粒状即可。将制备好的N_{263}色层粉用盐酸浸泡 2 h 后，装入底部垫有少量玻璃毛的色层柱中，柱顶端覆盖少许玻璃毛。柱子流速调节为 1 ml/min。新装柱子使用前，应按照样品分析程序操作一遍，洗净杂质，备用。

3. 工作曲线的绘制

分别量取 7 份 5 L 水于塑料桶或玻璃烧杯中，分别加入 35 ml 硝酸和钍标准溶液 0.00 ml，0.10 ml，0.20 ml，0.50 ml，1.00 ml，1.50 ml，2.00 ml，加 3 ml 三氯化铁溶液，在不断搅拌下滴加氨水至氢氧化物沉淀析出后，再过量两滴，使溶液的 pH 控制在 8～9 范围内。待沉淀澄清后，吸弃上层清液。将桶中沉淀和溶液一并转入 400 ml 烧杯中。再次澄清再吸弃清液。快速加入 20 ml 硝酸溶解沉淀。然后置电热板上，加热浓缩到体积约 50 ml 时，取下冷却至室温。过滤于已用 20 ml 硝酸溶液平衡好的色层柱中进行分离富集。待溶液流干后用 40 ml 硝酸溶液洗涤烧杯和色层柱各 4 次。洗涤后加 2 ml 盐酸溶液淋洗，并弃去流出液。再用 12 ml 盐酸溶液分 3 次解脱钍，解脱液承接于预先加有 6 滴尿素溶液和少许抗坏血酸的 15 ml 比色管中，然后加入 1.5 ml 草酸溶液和 1 ml 偶氮胂Ⅲ溶液，用水稀释至刻度，摇匀。于 660 nm 波长处，以试剂空白为参比，测量吸光度。以钍的浓度为横坐标，吸光度为纵坐标，绘制工作曲线。

4. 水样分析

量取 50 L 水样，加 3 ml 三氯化铁溶液后用氨水进行氢氧化钍沉淀，以下操作步骤与工作曲线绘制相同。

四、分析结果计算

水中钍含量按下式计算：

$$C(\mathrm{Th})/(\mu\mathrm{g}\cdot\mathrm{L})=\frac{m_1-m_0}{V}$$

式中，$C(\mathrm{Th})$——水样中钍的含量，μg/L；

m_1——从工作曲线上查得试液中钍的含量，μg；

m_0——从工作曲线上查得的空白试验溶液中钍的含量，μg；

V——取水样体积，L。

五、附注

1. 本方法采用氨水沉淀富集痕量钍。N_{263}色层柱吸附钍与大量铁、钙、铀等干扰元素分离。在小体积内用偶氮胂Ⅲ显色，灵敏度高，选择性好，是测量痕量钍的好方法。

2. 每批试样测定时，须同时进行双份空白实验，以确定空白值。

3. 本方法使用于环境水中微量钍的测定，测定范围为 0.02～10 μg/L。

实验十三 水中溶解氧的测定

溶于水中的氧称为溶解氧，用 DO 表示，单位为 mgO_2/L。溶解氧 DO 是水质综合指标之一。

一、实验目的

1. 学会水中 DO 的固定方法；
2. 掌握碘量法测定水中 DO 的原理与方法。

二、原理

水样中加入硫酸锰 $MnSO_4$ 和 NaOH，水中的 O_2 将 Mn^{2+} 氧化成水合氧化锰[$MnO(OH)_2$]棕色沉淀，将水中全部溶解氧固定起来；在酸性条件下，$MnO(OH)_2$ 与 KI 作用，释放出等化学计量的 I_2；然后，以淀粉为指示剂，用 $Na_2S_2O_3$ 标准溶液滴定至蓝色消失，指示终点到达。根据 $Na_2S_2O_3$ 标准溶液的消耗量，计算水中 DO 的含量。其主要反应如下：

$$Mn^{2+}+2OH==\underset{(白色)}{Mn(OH)_2}\downarrow$$

$$Mn(OH)_2+\frac{1}{2}O_2=\underset{(棕色)}{MnO(OH)_2}\downarrow$$

$$MnO(OH)_2+2I^-+4H^+=Mn^{2+}+I_2+3H_2O$$

$$I_2+2S_2O_3^{2-}=2I^-+S_4O_6^{2-}$$

三、仪器与试剂

1. 溶解氧瓶：250～300 ml。

2. 硫酸锰溶液：溶解 480 g $MnSO_4\cdot4H_2O$ 或 400 g $MnSO_4\cdot2H_2O$ 于蒸馏水中，过滤并稀释至 1 L。

3. 碱性碘化钾溶液：溶解 500 g NaOH 于 300～400 ml 水中，冷却；另溶解 150 g KI 于 200 ml 蒸馏水中；合并两溶液，混匀，用蒸馏水稀释至 1 L。如有沉淀，则放置过夜后，倾出上清液，贮于棕色瓶中，用橡皮塞塞紧，避光保存。此溶液酸化后，遇淀粉应不呈蓝色。

4. 1%(m/v)淀粉溶液：称取 1.0 g 可溶性淀粉以少量蒸馏水调成糊状，加入沸的蒸馏水至 100 ml，混匀，为防腐，冷却后可加入 0.1 g 水杨酸或 0.4 g 氯化锌。

5. 重铬酸钾标准溶液($1/6\ K_2Cr_2O_7=0.0250$ mol/L)：称取 1.225 8 g 优级纯重铬酸钾(预先在 120 ℃下烘 2 h，干燥器中冷却后称重)，用少量水溶解，转入 1 000 ml 容量瓶中稀释至刻度。

6. 硫代硫酸钠溶液：称取 6.25 g $Na_2S_2O_3\cdot5H_2O$ 溶于煮沸放冷的水中，加 0.2 g Na_2CO_3，用蒸馏水稀释至 1 000 ml，贮于棕色瓶中。此溶液约为 0.025 mol/L。

标定：取 10 ml 0.025 0 mol/L $K_2Cr_2O_7$ 标准溶液 3 份，分别放入碘量瓶中。加入 50 ml 水和 1 g 碘化钾，5 ml(1+5)硫酸溶液，放置 5 min 后，用待标定的 $Na_2S_2O_3$ 标准储备溶液滴定至淡黄色，加入 1 ml 1%淀粉，继续滴定至蓝色刚好变为亮绿色(Cr^{3+} 的颜色)为

止。记录用量(V_{1-1}、V_{1-2}、V_{1-3})

计算:

$$C_{Na_2S_2O_3}(mol/L)=\frac{C_{K_2Cr_2O_7}\times 10.0}{V_1}$$

式中:$C_{Na_2S_2O_3}$——硫代硫酸钠标准溶液的浓度,mol/L;

$C_{K_2Cr_2O_7}$——重铬酸钾标准溶液的浓度($1/6K_2Cr_2O_7$,mol/L);

V_1——硫代硫酸钠标准溶液用量,ml;

10.0——吸取重铬酸钾标准溶液的体积,ml。

四、实验内容

1. 溶解氧的固定

(1) 水样采集

用水样冲洗溶解氧瓶后,沿瓶壁直接注入水样或用虹吸法将细玻璃管插入溶解氧瓶底部,注入水样溢流出瓶容积的1/3~1/2左右,迅速盖上瓶塞。取样时绝对不能使采集的水样与空气接触,且瓶口不能留有空气泡,否则另行取样。

(2) 溶解氧的固定

1) 取样后,立即用吸量管加入1 ml硫酸锰溶液。加注时,应将移液管插入溶解氧瓶的液面下。切勿将吸量管中的空气注入瓶中。

2) 按上法,加入2 ml碱性碘化钾溶液。

3) 盖紧瓶塞(注意:瓶中绝不可留有气泡),颠倒混合3次,静置。待生成的棕色沉淀降至瓶一半深度时,再次颠倒混合均匀。

2. 溶解氧的测定

(1) 将溶解氧瓶再次静置,使沉淀又降至瓶内一半。

(2) 析出碘

轻轻打开瓶塞,立即用移液管插入液面下加入2.0 ml(1+5)硫酸,小心盖好瓶塞。

颠倒混合摇匀,至沉淀物全部溶解为止。放置暗处5 min。

(3) 滴定

吸取25 ml上述水样2份,放入250 ml锥形瓶中,用$Na_2S_2O_3$标准溶液滴定至溶液呈淡黄色,加入1 ml淀粉指示剂,继续滴定至蓝色刚刚变为无色,即为终点。记录用量。

(4) 计算

$$溶解氧(mgO_2/L)=\frac{C_{Na_2S_2O_3}V_{Na_2S_2O_3}\times 8\times 1\ 000}{V}$$

式中,$C_{Na_2S_2O_3}$——硫代硫酸钠标准溶液的量浓度($Na_2S_2O_3$,mol/L);

$V_{Na_2S_2O_3}$——硫代硫酸钠标准溶液的用量,ml;

8——氧的摩尔质量(1/20,g/mol);

V——水样的体积,ml。

五、实验结果记录

表 3-13-1　溶解氧测定结果记录

水样编号		1	2
滴定	滴定管终读数/ml		
	滴定管始读数/ml		
$Na_2S_2O_3$ 标液用量/ml			

六、附注

1. 水样中溶解氧固定后，可保持数小时而不影响测定结果。如现场不能滴定，可待回实验室进行。一般生成的沉淀棕色越深，表明溶解氧越多。

2. 加硫酸后，盖上瓶塞时，会流出少量液体。但由于溶解氧已被固定生成沉淀在瓶底部，故基本上不影响测定结果。

七、思考题

1. 在水样中，有时加入 $MnSO_4$ 和碱性 KI 溶液后，只生成白色沉淀，是否还需继续滴定？为什么？

2. 如果水样中 NO_2^- 的含量大于 0.05 mg/L，Fe^{2+} 的含量小于 1 mg/L 时，测定水中溶解氧应采用什么方法为好？

3. 碘量法测定水中余氯、DO 时，淀粉指示剂加入先后次序对滴定有何影响？

实验十四　紫外吸收光谱法测定水中的总酚

一、实验目的

1. 学会使用754型紫外可见分光光度计；

2. 学会并掌握紫外吸收光谱曲线的绘制和测量波长的选择以及标准曲线的绘制。

二、原理

酚类化合物的水溶液在210～300 nm之间有不同的吸收峰。这些吸收峰在加入NaOH或KOH水溶液后出现了较集中的吸收峰，且强度有很大的增加，因此，可将水样碱化后作测定样，水样酸化后作空白样，用1 cm石英比色皿在292.6 nm处测定含酚量较高的水样，用3 cm石英比色皿在238 nm处测定含酚量较低的水样。

三、仪器、试剂

1. 754型紫外-可见分光光度计(附1 cm石英皿1套)。

具塞磨口硬质玻璃试管(或比色管)10 ml若干支

吸量管	1 ml	1支
移液管	10 ml	1支

2. 10 mol/L NaOH水溶液。

3. 0.5 mol/L HCl水溶液。

4. 0.250 g/L苯酚标准溶液：准确移取25.0 mg分析纯苯酚，用少量不含酚蒸馏水溶解，移入100 ml容量瓶中，并稀释至刻度，混匀。此溶液苯酚含量为0.250 mg/ml。

5. 不含酚蒸馏水：(1) 蒸馏水中加入少量高锰酸钾的碱性溶液(pH>11)后进行蒸馏制得(蒸馏过程中水应保持红色)。(2) 于1 L蒸馏水中加入0.2 g经200 ℃活化0.5 h的活性炭粉末，充分振摇后，放置过夜。用双层中速滤纸过滤制得。

四、实验内容

1. 绘制吸收光谱曲线和选择测量波长

(1) 用吸量管取0.8 ml苯酚标准溶液(0.250 mg/ml)两份，分别放入硬质玻璃试管中，用无酚蒸馏水稀释至10 ml，摇匀。

(2) 其中一管中加一滴10 mol/L NaOH溶液，另一管中加1滴0.5 mol/L HCl溶液作空白。

(3) 以酸化标样作空白对照，碱化标样作测定样，在754型紫外可见分光光度计上，取狭缝宽度为2.05 mm，用1 cm石英比色皿，在波长220～350 nm范围内，从220 nm起每隔10 nm测定一次吸光度值，并做记录。以波长为横坐标，对应的吸光度值为纵坐标绘制吸收光谱曲线，并选择测量波长。

2. 绘制标准曲线

用吸量管分别吸取 0.00，0.40，0.80，1.20，1.60 和 2.00 ml 苯酚标准溶液（0.250 mg/ml）各两份，分别放入试管中（请编上序号），用无酚蒸馏水稀释至 10 ml，混匀。此苯酚标准溶液系列对应的浓度为 0.00，10.0，20.0，30.0，40.0 和 50.0 mg/L。同样以酸化标样作空白，碱性标样作测定样，在选定的工作波长处测定对应的吸光度值，做记录。以苯酚标准溶液的含量（mg/L）为横坐标，对应的吸光度值为纵坐标绘制标准曲线。

3. 水样的测定

（1）取含酚水样 10 ml 两份，放入硬质玻璃试管中。

其中一管中加入 1 滴 10 mol/L NaOH 溶液，另一管中加入 1 滴 0.5 mol/L HCl 溶液，混匀。

（2）以酸化水样为空白对照（调零），碱化水样作测定样，在选定测量波长处测定吸光度值，然后在标准曲线上查出对应水样中的总酚含量（mg/L）。

4. 实验数据处理

（1）记录各步实验条件和测得数据；

（2）绘制苯酚吸收光谱曲线，并选择测量波长；

（3）绘制标准曲线，并由曲线上求算水样中总酚含量（mg/L）。

五、注意事项

本实验旨在学会使用 754 型紫外-可见分光光度计。实验仪器较精密可靠，使用前必须认真阅读仪器说明书，认真听老师的讲解与安排。避免因使用不当而造成仪器性能下降，甚至损坏仪器。

六、思考题

1. 本实验中为什么使用石英比色皿？
2. 754 型紫外一分光光度计和 721 型分光光度计在使用上有哪些异同？

实验十五　天然水中细菌总数的检验方法

一、原理

每种细菌都有它一定的生理特征，培养时应用不同的营养条件及温度、培养时间、pH值、需氧性质等）去满足其要求，才能将各种细胞培养出来。但在实际工作中，一般都只用一种常用的方法（在营养琼脂培养基中，于 37 ℃经 24 h 培养）去测定细菌菌落总数，因此，所得结果只包括一群能在营养琼脂上发育的嗜中温性需氧及兼性厌氧的细菌菌落总数。

二、培养基和试剂

营养琼脂

1. 成分：蛋白胨 10 g；牛肉膏 3 g；氯化钠 5 g；琼脂 15 g；蒸馏水 1 000 ml。

2. 制法将上述成分混合后，加热溶解，调 pH 为 7.4～7.6，分装，121 ℃灭菌 20 min。储存于冷暗处备用。

三、仪器

1. 高压蒸汽灭菌器
2. 干热灭菌箱
3. 圆培养箱：(36±1) ℃
4. 固冰箱
5. 电炉
6. 天平
7. 放大镜
8. 灭菌平皿：直径 9 cm
9. 灭菌刻度吸管
10. 灭菌采样瓶
11. 圆锥形瓶
12. pH 计或精密 pH 试纸

四、分析步骤

1. 以无菌操作方法，用 1 ml，灭菌吸管吸取 1 ml。充分混匀的水样，注入灭菌平皿中加取 1 ml 注入另一灭菌平皿中作平行接种。

2. 将已熔化并冷至 46 ℃左右的营养琼脂培养基注入平皿，每皿约 15 ml，并立即旋摇平皿，使水样与培养基充分混匀。同时另将营养琼脂培养基倒入灭菌的空平皿内作对照。

3. 琼脂凝固后，翻转平皿，使皿底在上，置于(36±1)℃培养箱培养 24 h。取出，计数每个平皿内的菌落数目。

五、菌落计数及报告方法

平皿菌落计数时，可用肉眼直接观察，必要时用放大镜检查，以防遗漏。在记下各平皿的菌落数后，求出同一水样两平皿的平均菌落数。在求平均数中，若其中一个平皿有较大片状菌落生长时，则不宜采用，而应以无片状菌落生长的平皿作为该样品的菌落数。若片状菌落不到平皿的一半，而其余一半中菌落分布又很均匀，则可将此半个平皿计数后乘 2 以代表全平皿菌落数。同一水样两平皿的平均菌落数，即为该水样 1 ml 中的细菌菌落总数。

六、附注

1. 细菌总数是指 1 ml 水样在一定体积培养后，所生长的细菌菌落的总数。

2. 细菌总数主要作为判断水被污染程度的标志，但不能说明污染的来源。因此，必须结合大肠菌数来判断水的污染来源和安全程度。

3. 本方法规定用标准平皿计数法测定饮用天然矿泉水中的细菌总数。

实验十六　天然水中钾和钠的测定

一、实验目的

1. 了解和学会使用原子吸收分光光度仪。

2. 掌握原子吸收法测定钾、钠的原理及方法。

天然水中一般都含有钠离子，这是因为钠盐的分布极广，同时它的溶解度也较大。而钾盐虽然溶解度更大，但因受土壤、岩石的吸附及植物吸收的结果，其含量比起钠离子来却要小得多。对于含有碳酸钠或重碳酸钠的水，由于加热后会产生二氧化碳及产生泡沫等现象，所以作为技术用水，其钠离子的含量应符合规定的标准。作为灌溉用水，钠离子的含量也有一定的要求，尤其是在干旱及半干旱地区，由于水的大量蒸发，引起土壤的盐渍化而影响农作物的生长。

矿泉水中，钾和钠均为常见元素，钾含量一般低于钠。测定钾和钠的方法很多，通常选用火焰发射光度法、原子吸收分光光度法和离子色谱法。

二、火焰发射光度法

（一）方法提要

在火焰光度分析中，钾、钠是灵敏度较高的元素，分别用共振线 766.5 nm，589.0 nm 灵敏线测定。使用空气-乙炔贫燃性火焰，共存元素对其干扰较小。若用空气-煤气、石油气等低温火焰，钾、钠的相互干扰以及钙的干扰均可忽略。

（二）试剂与仪器

1. 钾标准贮备溶液：称取 1.906 7 g 在 110 ℃烘至恒量的基准氯化钾，溶于少量蒸馏水中，加入硝酸溶液(1+1)10 ml，再用纯水定容至 1 000 ml，此溶液为每毫升含 1 mg 钾。

2. 钠标准贮备溶液：称取 25.421 g 在 140 ℃烘至恒量的基准氯化钠，溶于少量蒸馏水中，加入硝酸溶液(1+1)10 ml，再用纯水定容至 1 000 ml，此溶液为每毫升含 10 mg 钠。

3. 钾、钠混合标准溶液：取钾、钠标准贮备溶液用纯水稀释 10 倍使每毫升含 0.1 mg 的钾和 1 mg 的钠。

4. 硝酸溶液(1+1)。

5. 仪器：

(1) 原子吸收分光光度计(发射部分)。波长：钾 766.5 nm；钠 589.0 nm。

(2) 贫燃性空气-乙炔火焰。

(3) 测量高度 2 cm。

（三）分析步骤

1. 样品测定

按使用仪器说明书使用发射部分并调节仪器至最佳状态。

将水样直接喷入火焰，测定其钾、钠发射强度。

若水样中钾、钠含量较高时，可稀释样品，或选择较小的狭缝和较小的增益；或选用次灵敏线进行测定。

2. 标准曲线的绘制

取钾、钠混合标准储备液配制下列含量的标准系列；

钾为 0.0，0.1，0.5……50 mg/L；

钠为 0.0，1.0，2.0……500 mg/L。

与水样分析步骤同时测定。

3. 计算

$$C=M\cdot D$$

式中，C——水样中钾或钠的浓度，mg/L；

M——从校准曲线上查得的样品中钾或钠的含量，mg/L；

D——水样稀释倍数。

三、原子吸收分光光度法

（一）方法提要

钾、钠共振灵敏线分别为 766.5 nm，589.0 nm，高含量钾、钠的测定可用次灵敏线：404.5 nm，330.2 nm，二者均可用空气-乙炔进行测定。

在一般情况下共存元素干扰较小。但当大量钠存在时，钾的电离受到抑制，从而使钾的吸收强度增大，铁稍有干扰，磷酸盐产生较大的负干扰，添加一定量的镧盐后可以消除。当测定钠时，盐酸和氯离子通常使钠的吸收强度降低。

（二）试剂与仪器

1. 钾标准贮备溶液：称取 1.906 7 g 在 110 ℃烘至恒量的基准氯化钾，溶于少量蒸馏水中，加入硝酸溶液(1+1)10 ml，再用纯水定容至 1 000 ml，此溶液为每毫升含 1 mg 钾。

2. 钠标准贮备溶液：称取 25.421 g 在 140 ℃烘至恒量的基准氯化钠，溶于少量蒸馏水中，加入硝酸溶液(1+1)10 ml，再用纯水定容至 1 000 ml，此溶液为每毫升含 10 mg 钠。

3. 钾、钠混合标准溶液：取钾、钠标准贮备溶液用纯水稀释 10 倍使每毫升含 0.1 mg 的钾和 1 mg 的钠。

4. 硝酸溶液(1+1)。

5. 仪器：

(1) 原子吸收分光光度计；

(2) 钾、钠空心阴极灯；

(3) 贫燃性空气-乙炔火焰；

(4) 测量高度 2 cm(仪器固定刻度)。

（三）分析步骤

1. 样品测定

(1) 按仪器使用说明书，将其调至最佳状态；

(2) 将水样直接喷雾，测定其吸光度；

(3) 样品中钾、钠含量稍高时，可转动燃烧器角度，或用次灵敏线 404.5 nm，330.2 nm，测定其吸光度。

2. 标准曲线绘制

取钾、钠混合标准储备液配成下列含量的标准系列：

最佳线性范围 {0,0.05,……3 mg/L 钾(波长 766.5 nm)
0,0.01,……0.5 mg/L 钠(波长 589.0 nm)}

{0,1,……15 mg/L 钾(波长 404.5 nm)
0,1,……60 mg/L 钠(波长 330.2 nm)}

与水样分析步骤同时测定标准系列。

3. 计算

同火焰发射光度法计算。

四、附注

1. 火焰状态：钾、钠同时测定，应以控制钾的火焰状态为主。以调节微还原性火焰(蓝锥内层淡黄焰高 1～2 ml)为宜。此时钾、钠的吸收强度比较稳定。随着乙炔流量增大，钾的吸收降低；诸如增大狭缝，增大灯电流，均使钾的吸收降低。上述条件变化对钠的吸收强度变化不太显著。

2. 酸度影响：试验了在 0.5～10 的硝酸、盐酸、高氯酸、硫酸溶液中对钾、钠的影响；除在硝酸溶液中无影响外，在其他介质中，随着酸度增大，吸收值逐渐降低，硫酸溶液中最为严重。样品溶液与标准系列酸中溶液量应控制一致。

3. 钾、钠相互间的影响：用吸收线 7 664.9 A°测定钾，大量钠共存时，钾的电离受到抑制，从而使钾的吸收增大。在本仪器试验条件下，钠为钾量的 15 倍时，对钾的测定无影响，20～25 倍时，使钾的吸收增高 2%；50 倍时，增高 3%；75～100 倍时，增高达 9%～10%。用吸收线 5 895.9 A°测定钠，钾为钠量的 50 倍时，对钠的测定无影响；75～100 倍时，使钠的吸收增高 4%。

4. 其他离子的影响：曾检查过其他离子存在时的影响情况，取 2 μg/L 钾分别与下列按检验的目的要求，决定取样方式，并在测定结果上加以注明。

五、思考题

1. 在使用原子吸收测定过程中，应注意哪些事项？
2. 如何消除或减少玻璃器皿对实验的影响？为什么？
3. 原子吸收光谱法测定不同元素时，对光源有什么要求？

实验十七 设计性实验——水中 SiO_2 含量的测定

一、实验目的

1. 培养学生查阅有关资料的能力；
2. 运用所学知识及有关参考资料对实际试样写出实验方案设计；
3. 在教师指导下，对水中 SiO_2 含量进行分析，培养学生分析问题、解决问题的能力，以提高素质。

二、实验要求

1. 将本实验方案设计所罗列的内容交学生选择，学生自选一个设计项目。
2. 在参考资料的基础上，拟定方案，经教师批阅后，写出详细的实验报告。
3. 实验报告大致有以下内容：
(1) 题目；
(2) 测定方法概述；
(3) 试剂的品种、数量和配制方法、试剂的浓度和体积；
(4) 操作步骤；
(5) 数据和相关公式；
(6) 结果和讨论。

三、方案设计备选题目

1. 硅钼黄法测定水中 SiO_2。
2. 硅钼蓝法测定水中 SiO_2。

实验十八 综合性实验——原子吸收分光光度计测定铜、锌、铅、镉

一、实验目的

1. 进一步培养学生灵活运用所学基本理论知识解决实际问题的能力；
2. 学习多项物质分析的方法。

二、原理

应用原子吸收分光光度法测定天然水中金属离子，具有操作简便、快速、干扰较少、灵敏度高等特点。本法采用铜、锌、铅、镉混合标准溶液，分别在原子吸收分光光度计上读出光密度，绘制出四条标准曲线，水样酸化后，可直接测出铜、锌、铅、镉之光密度，在标准曲线上查得该金属离子的含量。本法测定铜、锌、镉的检出下限为 0.02 mg/L，铅的检出下限为0.08 mg/L。

三、仪器

1. WFX-120B 原子吸收分光光度计（北京瑞丽分析仪器公司）；
2. 铜、锌、铅、镉空心阴极灯（北京真空仪表厂）。

四、试剂

1. 铜、锌、铅、镉混合标准溶液

称取金属铜屑 0.1 g 用少量（1＋1）硝酸溶解，并用蒸馏水稀至 1 000 ml，则此液 1 ml 含 0.1 mg 铜。

称取 1.600 g 硝酸铅，用蒸馏水溶解并稀至 1 000 ml，则此液 1 ml 含 1 mg 铅。

称取金属锌粉 0.1 g，用少量（1＋1）盐酸溶解，并用蒸馏水稀至 1 000 ml，则此液 1 ml 含 0.1 mg 锌。

称取金属镉[先用（1＋1）硝酸处理表面氧化层后在真空烤箱中烘干]0.1 g，用少量 1∶1 硝酸溶解后再用蒸馏水稀至 1 000 ml，则此液 1 ml 含 0.1 mg 镉。

分别取上述铜标准溶液 50 ml，铅标准溶液 20 ml，锌标准溶液 50 ml，镉标准溶液 50 ml 置于 500 ml 容量瓶中，并用蒸馏水稀至刻度，摇匀，则此混合标准溶液 1 ml 含0.01 mg 铜、0.04 mg 铅、0.01 mg 锌、0.01 mg 镉。

2. （1＋1）盐酸

3. （1＋1）硝酸

五、测定条件(见表 3-18-1)

表 3-18-1 测定条件

项目＼元素	铜	铅	锌	镉
波长/Å	324.7	283.3	213.9	228.8
灯电流/mA	3	3	3	3
狭缝/mm	0.4	0.4	0.4	0.4
燃烧器高度/mm	6	5	7	6.5
空气压力/MPa	0.3	0.3	0.3	0.3
乙炔压力/MPa	0.09	0.09	0.09	0.09
空气流量/(L/min)	7.0	7.0	7.0	7.0
乙炔流量/(L/min)	1.0	1.5	1.0	1.5
火焰	氧化性蓝色焰	氧化性蓝色焰	氧化性蓝色焰	氧化性蓝色焰

六、测定步骤

(一) 仪器操作步骤

1. 打开计算机和主机电源。装上待测元素的空心阴极灯。进入 WFX-120 操作软件，选择需要测量的元素，点击“样品表”输入样品测量次数，如“1,20”是指测量 1～20 个样品，根据样品的实际数量输入测量次数。填写测量的样品名称。测量液体时“进样量”和“定容体积”为 1∶1。测量固体时“称样量”和“定容体积”按照实际情况输入。测量次数为 3 次。点击“完成”进入“仪器调整”对话框。

2. 点击“仪器调整”页面上的“自动波长”。让主光束能量保持在 97%～102%为宜。如果不在此范围内，点击“自动增益”让其保持在 97%～102%范围内。

3. 打开空气压缩机，调整空压机出口压力为：0.2～0.3 MPa。

4. 打开乙炔钢瓶开关阀，调整出口压力为：0.05～0.1 MPa。

5. 检查废液管内是否有水封。保证有水封后按“点火开关”操作。

6. 先测量标准曲线，然后测量样品。

7. 待测量完样品后，保存样品测量记录，然后点击“熄火”。若测量完后不再测量样品，则需先关闭乙炔钢瓶开关阀，待乙炔管内剩余气体燃烧完后，点击“熄火”。

8. 关闭空气压缩机，关闭主机电源和计算机电源。

注：空气压缩机压力不为零时，禁止重起压缩机。

(二) 标准曲线的绘制

取 6 个 10 ml 比色管，分别加入铜、铅、锌、镉混合标准溶液 0.00，0.05，0.10，0.30，0.50，1.00 ml 分别在各管中加入(1+1)盐酸 2 滴，(1+1)的硝酸 1 滴，混匀，并用蒸馏水稀释至刻度，摇匀。按仪器操作方法及各元素测定条件测定吸光值，分别绘出铜、铅、锌、镉混合标准溶液浓度与吸光值之关系曲线。

(三) 水样测定

取水样 10 ml 于 10 ml 比色管中，加入(1＋1)盐酸 2 滴和(1＋1)硝酸 1 滴，混匀，按铜、铅、锌、镉标准曲线相同的条件测其吸光度。水样含量较低时，可另取 100 ml 水样于烧杯中，加入 2～4 滴(1＋1)盐酸混匀，在低温下加热浓缩到少于 10 ml，倒入 10 ml 比色管中，并稀释至刻度，再加 1 滴(1＋1)硝酸，按标准曲线相同条件测其吸光度。最后，由测定读数在标准曲线上求出各元素的含量。

七、注意事项

1. 每次对水样测定的同时，必须同时作标准曲线。
2. 仪器测定条件随各种因素而变化，应根据具体情况找出最佳的测定条件。
3. 水样浓度超出标准曲线范围要稀释后再测。

实训一 野外水中 pH、Eh、COND 的测定

一、教学任务

学习水文地质野外现场实验的基本原理与方法。

二、教学要求

学生以小组为单位，分工合作，开展实验，实验结束后整理和分析实验结果并提交实验报告。

三、实验内容

1. pH 的测定原理与测定方法（见附录 1：一）

1）便携式酸度计、50～100 ml 小烧杯；

2）选择具有代表性的实验点，用原水润洗两遍小烧杯，取水样测定 pH，一般应进行两个平行实验。

2. Eh 的测定原理与测定方法（见附录 1：二）

1）便携式酸度计、50～100 ml 小烧杯；

2）选择具有代表性的实验点，用原水润洗两遍小烧杯，取水样测定 Eh，一般应进行两个平行实验。

3. COND 的测定原理与测定方法（见附录 1：三）

1）便携式 COND 测定仪；

2）选择具有代表性的实验点，用原水润洗两遍小烧杯，取水样测定 COND 值，一般应进行两个平行实验。

四、实验结束后整理和分析实验结果并提交实验报告

实训二　建立等温吸附方程的实验方法

一、实验目的

为了查清溶质吸附及解析机理，建立相应的等温吸附线及等温吸附方程，求得分配系数 K_d 及最大的吸附容量 S_m。

二、实验原理与方法

该实验一般分为吸附平衡试验及土柱试验两种。

1. 吸附平衡试验

实验具体方法步骤如下。

(1) 从现场采集所研究的岩土样，风干过筛(一般是 2 mm 的筛)备用。

(2) 测定岩土样的有关参数，诸如颗粒级配、有机质、黏土矿物，Fe、Al 等，该测定什么参数视具体研究情况而定，有时还必须测定岩土的 pH。

(3) 称少量(一般是几克)备用岩土样放入离心管(一般是 250 ml 离心管)。

(4) 配置含有不同溶质浓度的溶液，取约 50 ml(视情况有所增减)，放入装有土样的离心管。

(5) 将装有土样及其溶质溶液的离心管放置于水浴中，保持恒温并振荡。定时取出溶液，离心澄清，取少量(一般为 1 ml 或数毫升，以不影响离心管溶液浓度明显变化为原则)进行分析，直至前后几次的浓度不变为止。以时间为横坐标，浓度为纵坐标，绘出浓度-时间曲线，确定达吸附平衡所需时间。

(6) 将一组(一般是 5 个以上)装有不同溶质浓度和岩土样的离心管置于水溶中，保持恒温并振荡。待达到上述所确定的吸附平衡所需时间后，取出试管，离心澄清，取清液分析溶质浓度。

(7) 溶液原始浓度减去平衡浓度，乘以试验溶液体积，所得的溶质减量即为岩土的吸附总量，并换算成岩土的吸附浓度。

(8) 把实验数据作数学处理，绘出吸附等温线，建立等温吸附方程，求得 K_d 及 S_m。

2. 土柱试验

土柱试验和吸附平衡试验的不同点在于：前者是动态试验，后者是静态试验。前者的结果较接近实际，不仅可确定 K_d，而且可探讨吸附的一般机理。其试验装置及步骤简述如下。

(1) 装置

土柱实验的装置，一般分为两部分(见图 3-20-1)，另外，还有取样测流辅助装置。

① 土柱。包括试验工作段及滤层。

② 供水。常采用马利奥特瓶原理稳定水头，供水容器最好能容纳实验全过程所消耗的溶液(水)。

③ 取样及测流。包括控流阀(目的是控制试验流速接近实际)，流量计和取样器。

(2) 方法步骤

① 把岩土样风干、捣碎及过筛(一般为 2 mm 孔径)。

② 测定试验岩土样的有关参数，除平衡试验所述参数外，增加含水量、容重及密度的测定。

③ 岩土样装填。最下段一般为石英砂滤层，其上下应有滤网；上段为岩土试验段，应根据长度及岩土容重算出装填岩土重，分段装填，每段一般为 2～5 cm，稍稍捣实，以保持土柱岩土接近天然容重。

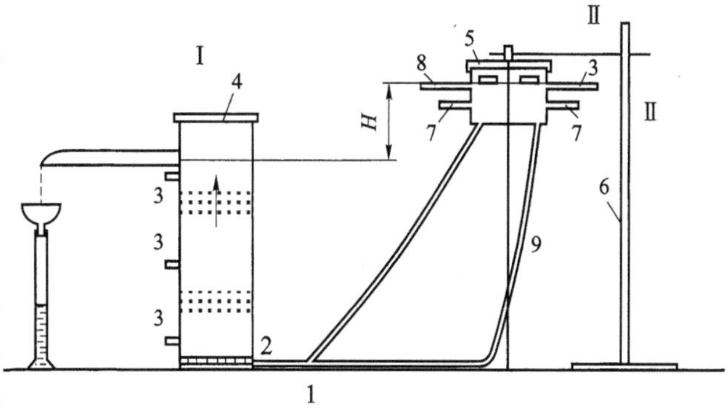

图 3-20-1　研究岩石渗透时弥散、吸附和溶解的实验装置

Ⅰ—装土的圆筒；Ⅱ—供给指示剂液(P)或水(B)的装置；1—混合供给水或溶液的开关；2—过滤器；3—取样管；4—盖子；5—保持定水头的装置

④ 吸附试验。将具有某溶质一定浓度的溶液注入土柱，定期测流量，取分析样。直至渗出水与渗入水某溶质相近为止，吸附试验结束。

⑤ 解吸试验。吸附试验结束，供水容器改换不含试验溶质的溶液(水)进行试验。取分析水样，并记录流量，直至渗出水某溶质浓度为零。或渗出水某溶质浓度趋于稳定为止，试验结束。

(3) 试验数据整理。

以相对浓度 C_i/C_0 为纵坐标(C_D 为渗出水浓度，C_i 为渗入水浓度)，渗过土柱水的孔隙体积数为横坐标，绘制穿透曲线。值得注意的是，一般不应以时间 t 为横坐标，因为不同试验岩土的孔隙体积及流速不同，如以时间 t 为横坐标，则使不同岩土试验的穿透曲线可比性差。土柱孔隙体积等于孔隙度与装填岩土体积的乘积。孔隙度(n)的计算公式为：

$$n=1-\frac{\rho_b}{\rho}$$

式中，n——孔隙度，无量纲；

ρ_b——岩土容量，g/cm^3；

ρ——岩土密度，g/cm^3。

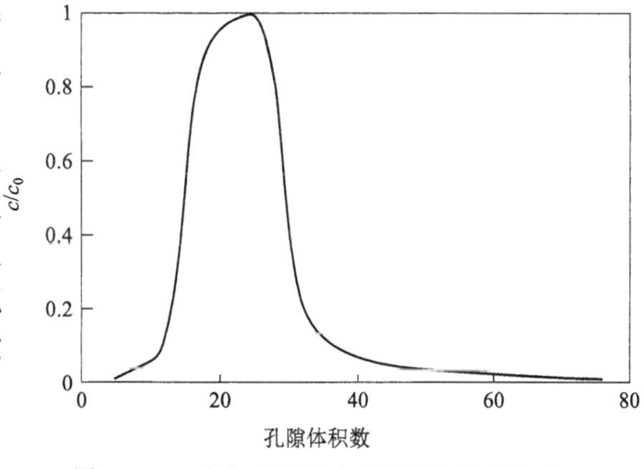

图 3-20-2　Cr^{6-} 的穿透曲线(吸附-解吸试验)

淋滤水：$c(Cr^{6-})$=960 umol/L，流速=7.1×10^{-4} cm/s，pH=6.8，n=40%，1 孔隙体积=606 ml，ρ_b=1.6 g/cm^3，C_0——淋滤水中铬浓度，C——渗出水中铬浓度

样图见图 3-20-2，改图说明，头 7 个空隙体积水里，Cr^{6+} 浓度为零，说明 Cr^{6+} 完全被吸附；此后渗出水 Cr^{6+} 逐步增加，质地 22 孔隙体积水胜过土柱时，C_i/C_o=1，砂土吸附量耗尽，据计算 Cr^{6+} 为 960 mmol/L，据此算的 K_d=2.34 L/kg=1。

实训三　水化学资料的整理

一、整理水化学资料的目的意义

整理地下水水化学分析资料及编制水化学图是系统研究某一地区地下水水化学规律的基本手段，通过地下水水化学资料的分析整理和所制的图件，能反映出地下水的水化学类型及水化学成分形成的规律性，从而为不同目的的水质评价和研究区域水文地质条件提供依据。本次实习，要求能掌握水化学分析资料的审查整理和水化学类型的分类方法，并熟悉一些水化学图件。

二、单个水分析资料的审查和整理方法

水中常见离子含量的分析结果，通常是以毫克/升表示的。用离子的形式表示水中溶解物质的含量是符合实际情况的。但这种表示形式反映不出水中各种离子间的相互关系，因为溶解在水中的，是以离子形式存在的化合物，其离子间的相互作用都是按极精确的一定质量比例关系而发生反应的。因此必须把以毫克/升表示的分析结果换算成用一价为基本单元的物质的量浓度（mmol/L）表示，并且算出每个离子毫摩尔百分数，换算的公式为：

$$\text{mmol/L}=\frac{\text{mg}}{\text{毫摩尔质量}/n}/\text{L}$$

$$\text{选定的毫摩尔(百)分数}=\frac{c(\text{或 }a)}{\sum c(\text{或}\sum a)}\times 100\%$$

式中：c（或 a）——阳离子（或阴离子）中某个离子的基本单元物质量浓度，mmol/L；

$\sum c$（或$\sum a$）——阳离子（或阴离子）的基本单元的总物质量浓度，mmol/L；

n——离子的电价数。

毫摩尔质量由表 3-21-1 查得。

表 3-21-1

阳离子	选定的毫摩尔质量	阴离子	选定的毫摩尔质量
Na^+	22.990	HCO_3^-	61.017
K^+	39.098	CO_3^{2-}	30.005
Ca^{2+}	20.039	SO_4^{2-}	48.032
Mg^{2+}	12.152	Cl^-	35.453

换算的实例（1 号水样）如表 3-21-2 所示。

表 3-21-2 换算实例

离子 \ 单位		mg/L	mmol/L	选定的摩尔(百)分数
阳离子	$Na^{+}+K^{+}$	24.72	1.07	18.19
	Ca^{2+}	59.15	2.95	49.99
	Mg^{2+}	22.84	1.87	31.80
	总计	106.71	5.89	99.98
阴离子	HCO_3^-	231.57	3.79	64.24
	SO_4^{2-}	71.61	1.49	25.24
	Cl^-	22.01	0.62	10.51
	总计	325.19	5.90	99.99

将一个资料换算完毕后，要进行审查，审查时可根据阴阳离子选定的一价为基本单元的物质的量总浓度相等的原理进行。即：

$$\sum c=\sum a$$

但由于分析过程中有气体、微量元素等成分未分析出来，以及人为计算的误差，因而可用下式检查：

$$e=\frac{\sum c-\sum a}{\sum c+\sum a}\times 100\%$$

式中 e 为分析误差，在全分析时，分析误差的绝对值 $e<2\%$；在简分析时 $e<5\%$才为允许误差，否则其分析成果为不合格。

审查完毕后，即可用下列水化学表示其成分：

$$[\text{微量元素},\mathrm{mg/L}]\quad[\text{气体},\mathrm{g/L}]\quad[\text{矿化度}(M),\mathrm{g/L}]\ \frac{(\text{阴离子摩尔分数})\%>10\%\text{者按递减顺序排列}}{(\text{阳离子摩尔分数})\%>10\%\text{者按递减顺序排列}}\text{水温}(^{\circ}\mathrm{C})\text{流量}(\mathrm{L/s})$$

例如前述 1 号水样可用水化学式表示如下：设矿化度为 0.458 g/L，水中含游离 CO_2 为 10.8 mg/L，水温为 14 ℃，流量为 0.5 L/s。

$$CO^{2}_{0.010\,8}\frac{HCO^{3}_{64.2}SO^{4}_{25.2}Cl_{10.5}}{Ca_{50}Mg_{31.8}Na_{18.2}}T^{0}_{14}Q_{0.5}$$

三、水分析资料的系统整理和分类

单个资料只能代表某一水样点的水化学成分，所以单个资料整理审查完毕后，还须进行系统的综合整理和分类，以便在一定区域内对地下水化学成分的特点及其形成规律进行分析研究。为此，下面介绍一种过去常用的分类方法。

这种分类方法：是考虑主要的和次要的阴阳离子来划分，将每一经过审查换算完毕后的水样分析结果按其矿化度不同而将不同符号填入相应方格中，其格式和符号如下：

按不同矿化度表示的符号，例如：

$M<1$ g/L　　符号为○

$M=1\sim5$ g/L　　符号为△

$M=5\sim30$ g/L　　符号为□

$M>30$ g/L　　符号为◇

表的格式见表 3-21-3。

表 3-21-3

		HCO_3^-		SO_4^{2-}		Cl^-	
		Cl^-	SO_4^{2-}	HCO_3^-	Cl^-	SO_4^{2-}	HCO_3^-
Ca^{2+}	Mg^{2+}						
	Na^+						
Na^+	Ca^{2+}						
	Mg^{2+}						
Mg^{2+}	Ca^{2+}						
	Na^+						

如前述例子，化学类型为 HCO_3—SO_4^{2-}—Ca^{2+}—Mg^{2+} 型水(有时也可简写成 HSCM)，用○符号画在相应的方格中。

四、本次实习内容

1. 将下列水分析资料写出水化学式(见表 3-21-4)。

表 3-21-4

水样编号	阴离子含量(mg/L)			阳离子含量(mg/L)			矿化度(g/L)	pH	游离 CO_2 (mg/L)
	HCO_3^-	SO_4^{2-}	Cl^-	Ca^{2+}	Mg^{2+}	$Na^+ + K^+$			
1	231.57	71.61	22.01	59.15	22.84	24.72	458	7.3	10.8
2	418.23	130.65	71.44	120.14	20.89	89.14	701	7.6	14.3
3	194.65	940.59	104.95	327.27	51.00	101.03	1 740	7.6	12.7
4	140.75	1 184.42	606.24	374.37	105.70	383.92	3 031	7.9	15.4

2. 将表 3-21-4 中的四个水样及表 3-21-5 中的五个水样进行水化学类型的划分，并大致说明其形成条件。

表 3-21-5

水样编号	水化学式
5	$M_{8.2}=\frac{SO^{4}_{51}Cl_{44}}{Na_{59}Ca_{27}Mg_{14}}$
6	$M_{8.5}=\frac{Cl_{50}SO^{4}_{45}}{Na_{56}Ca_{24}Mg_{19}}$
7	$M_{8.9}=\frac{SO^{4}_{77}Cl_{21}}{Na_{66}Mg_{24}}$
8	$M_{23.2}=\frac{Cl_{50}SO^{4}_{48}}{Na_{80}Mg_{12.5}}$
9	$M_{198.6}=\frac{Cl_{83}SO^{4}_{16.4}}{Na_{97}Mg_{1.6}}$

第四部分　附　录

附录1　水文地球化学实验中几种主要仪器的使用方法

一、pH的测定玻璃电极法

1. 原理

pH由测量原电池的电动势而得。该电池由饱和甘汞电极为参比电极(+)，玻璃电极为指示电极(−)所组成。在25 ℃时，溶液中每变化1个pH单位，电位差改变为59.16mV，据此在仪器上直接以pH的读数表示。温度差异在仪器上有补偿装置。

2. 试剂

测量pH时，按水样呈酸性、中性和碱性三种可能，配以下三种标准液。(也可以用市售的)

(1) pH4.008(25 ℃)标准溶液

称在110～130 ℃干燥2～3 h的邻苯二甲氢钾10.12 g，溶于水并在容量瓶中稀释至1 L。

(2) pH6.865(25 ℃)标准溶液

分别称在110～130 ℃干燥2～3 h的磷酸二氢钾3.388 g和磷酸氢二钠3.533 g溶于水并在容量瓶中稀释至1 L。

(3) pH9.180(25 ℃)标准溶液

称与饱和溴化钠溶液共同放置在干燥器中平衡昼夜的硼砂($Na_2B_4O_7 \cdot 10H_2O$)3.80 g，溶于水并在容量瓶中稀释至1 L。

(4) 所用蒸馏水电导率小2×10^{-6} S/cm，且煮沸冷却备用，pH在6.7～7.3，所用试剂为AR级以上。

(5) 标准溶液pH随温度而有变化，一般均需查表校正。

3. 仪器

(1) 酸度计或离子浓度计

常规检验使用仪器，至少精确到0.1 pH单位，pH范围从0～14。

(2) 玻璃电极，用时需用蒸馏水浸泡24 h以上。

(3) 饱和甘汞电极，在室温时应有少许KCl晶体存在。

(4) 复合电极

4. 测量步骤

(1) 仪器校正：按所用仪器使用说明书进行。将水样与标准溶液调到同一温度，记录测定温度，并将仪器温度补偿旋钮调至该温度上。有的仪器自带温度补偿功能可以省去这一步骤。

用标准溶液校正仪器，该标准溶液与水样 pH 相差不超过 2 个 pH 单位。从标准溶液中取出电极，用蒸馏水彻底冲洗并用滤纸吸干，再将电极浸入第二个标准溶液中，其 pH 大约与第一个标准溶液相差 3 个 pH 单位。如仪器示值与第二个标准溶液的 pH(s)值之差大于 0.1 pH，则要检查仪器、电极和标准溶液等。

(2) 样品测定

测量样品时，先用蒸馏水冲洗电极，再用水样冲洗。然后将电极浸入样品中，小心摇动或均匀搅拌，静置，待读数稳定后记下 pH 读数值。

二、Eh 的测量方法

1. 原理

Eh 由测量原电池电动势而得。该电池由饱和甘汞极为参比电极(－)，铂电极(氧化还原电极)为指示电极(＋)所组成。

$$\in = Eh - \Phi_{甘} \tag{1}$$

$$Eh = \in + \Phi_{甘} \tag{2}$$

$\Phi_{甘} = +245.8$ mV(25 ℃)，但随温度略有变化。

2. 铂电极检查与净化

将铂电极插入具有固定电位的 0.003 mol/L 高铁氰化钾和 0.003 mol/L 亚铁氰化钾标准缓冲溶液中，当温度为 25 ℃时，Eh 为 430 ml±3 mV，若测得电位值超出以上范围，则铂金电极需要净化。

净化方法可用(1＋1)HCl 洗净电极后置酒精灯的氧化焰上灼烧，或将电极浸入 3% H_2SO_4 中，将它与 1.5 V 电池的阴极相接，而电池阳极与另一只铂电极相连，电解 5～8 min，将阴极上的铂电极卸下，用蒸馏水洗净备用(与电池阳极连接的铂电极是沾污电极，不能使用)。

3. 使用方法

将铂电极接酸度计或电位计的"＋"(接地孔)极，饱和甘汞电极接(－)极(阻抗高的插孔)，插入待测溶液中，将酸度计按下 mV 档(根据电位值大小选择适当的电位档)。搅拌溶液 3 min，按下测量开关，待读数稳定，读出∈值，并根据(2)式计算 Eh。

三、COND 的测量方法

1. 原理

电导率是物质传送电流的能力，是电阻率的倒数。在液体中常以电阻的倒数——电导来衡量其导电能力的大小。水的电导是衡量水质的一个很重要的指标。它能反映出水中存在的电解质的程度。根据水溶液中电解质的浓度不同，则溶液导电的程度也不同。通过测定溶液的导电度来分析电解质在溶解中的溶解度。这就是电导仪的基本分析方法。溶液的电导率与离子的种类有关，同样浓度电解质，它们的电导率也不一样。通常是强酸的电导率最大，强碱和它与强酸生成的盐类次之，而弱酸和弱碱的电导率最小，因此，通过对水的电导的测定，对水质的概况就有了初步的了解。在国际单位制中，电导率的单位是西门子/米，其它单位有：S/cm，μS/cm。1 S/m＝0.01 S/cm＝10 000 μS/cm；

2. 仪器

(1) 便携式电导率仪；

(2) 电导电极。

3. 电导仪操作步骤

按下工作状态开关“COND”。

(1) 校正 对初用或长期使用后的仪器应进行校正。开关置“t ℃”，开关置校正，调节“校正”钮，使仪器显示配套电极所标定的常数值(在电极杆上有所表示，如 1.05 或 0.98 等字样)若不知电极常数或测量精度要求较高时，可用标准 KCl 溶液进行标定。各浓度 KCl 溶液在不同温度下的电导率见附录 2。

KCl 应该用一级试剂，且应先经干燥处理。

例：用 0.01 mol/L 的 KCl 溶液温度为 25 ℃测定。

开关置“t ℃”，开关置“测量”，电极插入标液中，调节校正钮，使仪器显示溶液的标称值。(查表为 1.413×10^{3}) μS/cm)

从溶液中拔出电导电极，开关置“校正”位置，此时仪器显示即为电极常数。

(2) 测量 开关置“测量”，电极插入溶液，仪器所显示乘以自动指示的量成倍率，即为该液温下的电导率值。若仪器显示超过 2×10^{4} μS 时，请选用电导常数为 10 的 DJS-10 型电导电极，此时仪器读数再乘以十即为结果(常数标定也然)。预知该试液在 25 ℃时的电导率，只需将开关置 25 ℃即可。

(3) 结束 用蒸馏水清洗电极，关机。

四、721 型分光光度计和使用方法

1. 原理

溶液中的物质在光的照射激发下，产生对光的吸收效应。物质对光的吸收具有选择性。各种不同物质都具有各自的吸收光谱，因此当单色光通过溶液时，某能量的光就会被吸收而减弱；光能量减弱的程度和物质的浓度有一定的比例关系，即符合朗伯－比尔定律：

$$A=KCL$$

A——吸光度；

K——吸光系数；

C——溶液浓度；

L——溶液的光径长度。

2. 721 型分光光度计的主要技术指标

(1) 波长范围 360～800 nm；

(2) 波长精度：360～600±3 nm；600～700±6 nm；700～800±8 nm。

3. 仪器的结构

4. 仪器的使用

(1) 在仪器接通电源前，读数盘指针必须位于“0”刻线。(限于指针式读数仪器)

(2) 仪器接通电源后，选择所需用的波长，将蒸馏水或参比溶液放入比色皿暗箱内。先选择所需要的灵敏度档“1”“2”或“3”。调节“0”电位器使读数为“0”(透光率)。然后将比色

皿暗箱盖合上，比色皿座处于蒸馏水或参比溶液的校正位置，旋转“100”电位器，使电表指针指到满度100％(此时 $A=0$)时，仪器预热20 min。将要测量的溶液放入比色皿中，并依此放入比色皿座内，但第一座内始终放参比溶液不动，其余三个放测量溶液。

预热20 min后，测量前均需调“0”与“100”到0(或 $A=\infty$)与100($A=0$)，然后推动拉杆，将测量液推入光路上，读相应的 A 值。

附录 2

表 4-2-1　不同温度下饱和甘汞电极的电位

温度/℃	mV	温度/℃	mV
0	+260	16	+251.3
1	+260	17	+251.1
2	+259	18	+250.4
3	+258	19	+249.8
4	+257	20	+249.1
5	+257	21	+248.5
6	+256	22	+247.8
7	+255	23	+247.2
8	+255	24	+246.5
9	+254	25	+245.8
10	+254	26	+245.2
11	+253	27	+244.6
12	+252	28	+243.9
13	+251	29	+243.3
14	+251	30	+242.6
15	+251.4	35	+239.3

附录 3

表 4-3-1　氯化钾溶液的电导率

浓度/(mol/L) 电导率(S/cm) 温度（℃）	1	0.1	0.01	0.02
1	0.037 13	0.007 36	0.000 800	0.001 566
2	0.068 86	0.007 57	0.000 824	0.001 612
3	0.070 61	0.007 79	0.000 848	0.001 659
4	0.072 37	0.008 00	0.000 872	0.001 705
5	0.074 14	0.008 22	0.000 896	0.001 752
6	0.075 93	0.008 44	0.000 921	0.001 800
7	0.077 73	0.008 66	0.000 945	0.001 848
8	0.079 54	0.008 88	0.000 970	0.001 896
9	0.081 36	0.009 11	0.000 995	0.001 954
10	0.083 19	0.009 33	0.001 020	0.001 994
11	0.085 04	0.009 56	0.001 045	0.002 043
12	0.086 87	0.009 79	0.001 077	0.002 093
13	0.088 76	0.010 02	0.001 095	0.002 142
14	0.090 63	0.010 25	0.001 121	0.002 193
15	0.092 52	0.010 48	0.001 147	0.002 243
16	0.094 41	0.010 72	0.001 173	0.002 294
17	0.096 31	0.010 95	0.001 199	0.002 345
18	0.098 22	0.011 19	0.001 225	0.002 397
19	0.100 14	0.011 43	0.001 251	0.002 449
20	0.102 07	0.011 67	0.001 278	0.002 501
21	0.104 00	0.011 91	0.001 305	0.002 553
22	0.105 54	0.012 15	0.001 332	0.002 606
23	0.107 89	0.012 39	0.001 359	0.002 659
24	0.109 84	0.012 6	0.001 386	0.002 712
25	0.111 80	0.012 88	0.001 413	0.002 765
26	0.113 77	0.013 13	0.001 441	0.002 819
27	0.115 74	0.013 37	0.001 468	0.002 873

续表

浓度/(mol/L) 电导率(S/cm) 温度（℃）	1	0.1	0.01	0.02
28		0.013 62	0.001 496	0.002 927
29		0.013 87	0.001 524	0.002 981
30		0.014 12	0.001 552	0.003 036
31		0.014 37	0.001 581	0.003 091
32		0.014 62	0.001 609	0.003 146
33		0.014 88	0.001 638	0.003 201
34		0.015 13	0.001 667	0.003 256
35		0.015 39		0.003 312
36		0.015 64		0.003 368

附录 4

表 4-4-1 一些元素的原子量

名称	符号	原子量	名称	符号	原子量	名称	符号	原子量
银	Ag	107.87	氟	F	19.00	铅	Pb	207.2
铝	Al	26.98	铁	Fe	55.85	铂	Pt	195.1
砷	As	74.92	氢	H	1.01	硫	S	32.07
金	Au	196.97	汞	Hg	200.59	锑	Sb	121.75
硼	B	10.81	碘	I	126.90	硒	Se	78.96
钡	Ba	137.33	钾	K	39.10	硅	Si	28.09
铋	Bi	208.98	镁	Mg	24.31	锡	Sn	118.71
溴	Br	79.90	锰	Mn	54.94	锶	Sr	87.62
碳	C	12.01	钼	Mo	95.94	钍	Th	232.04
镉	Cd	112.41	氮	N	14.01	钛	Ti	47.88
氯	Cl	35.45	钠	Na	22.99	铀	U	238.03
钴	Co	58.93	镍	Ni	58.69	钒	V	50.94
铬	Cr	52.00	氧	O	16.00	钨	W	183.85
铜	Cu	63.55	磷	P	30.97	锌	Zn	65.39

参 考 资 料

[1] 黄君礼，吴明松．水分析化学[M]．第四版．北京：中国建筑工业出版社，2013
[2] 武汉大学．分析化学实验[M]．第四版．北京：高等教育出版社，2005
[3] 张燮．工业分析化学实验[M]．北京：化学工业出版社，2007
[4] 李学礼，孙占学，刘金辉．水文地球化学[M]．北京：原子能出版社，2010
[5] 宋金如．铀矿石的化学分析[M]．北京：原子能出版社，2006
[6] 蒋辉．环境水化学[M]．北京：化学工业出版社，2003